U0079680

大樂文化

大樂文化

大樂文化

麥肯錫時間計畫

讓你每天多出 3 小時！

李志洪◎著

前言

第1章

CONTENTS

CONTENTS

第4章 麥肯錫為何只做最重要的事？ 165

前言
誰動了你的時間？每天多出3小時的秘訣

每天有二十四個小時，是人們廣泛認可的公理。在現實生活中，藝術大師達文西、音樂巨匠歌德、知名企業經營者經手的工作，在質和量方面，都遠遠超過其他同樣有二十四小時卻碌碌無為的人。這兩種不同的人雖然每天擁有相同的時間，但取得的成果卻是天壤之別。那麼，我們應該如何創造鐘錶計時之外的三小時呢？

音樂家莫札特僅僅活了三十五歲，一生中創作超過六百首作品。與他相比，活了七、八十年卻沒有佳作流傳的音樂家顯得十分平庸。莫札特的一生看似簡短，其實每分每秒都比一般人長得多。從這方面來說，這兩種人擁有的時間是多麼不平等！

同樣地，歌德和達文西也都用有限的時間獲得卓越的成就。歌德不僅活躍在政界，而且有詩歌、戲劇、繪畫和小說等多種形式的作品廣為流傳，還在在光學、植物學、地質學、礦物學和解剖學等方面貢獻良多。他的小說《少年維特的煩惱》、詩劇《浮士德》更是舉世聞名，自傳也備受歡迎。

達文西除了眾所周知的藝術成就之外，還廣泛研究天文、物理、地理、建築、兵器、機械、植物等，幾乎成為文藝復興的最終理想——萬能之人。達文西不僅有畫作《蒙娜麗莎的微笑》、《最後的晚餐》流傳於世，還有著作《繪畫論》。此外，他的空氣力學研究更啟發後世發明降落傘和直升機。

這些留下偉大事蹟的人們成功地運用與創造時間，邁向人生最高峰。其實，他們之所以可以功成名就，就在於科學地管理時間，使時間得到充分利用。

在這個資訊飛速發展的時代，人們面臨多樣的選擇，承受的壓力增大，而感到心神疲憊不堪。即便擁有最先進的工具和設備，又增加工作時間，每天依然有做不完的事情，被時間追著屁股跑。

這時候，我們應該學習時間管理來籌劃和分配時間，以重新塑造人生目標，並有效利用時間，讓生活和工作不再搞得一團糟，進而能實現每天多出三小時的願望。

多出來的這三個小時，讓我們擁有和朋友相聚的時間、自我充電的時間，促使自己在事業上有更多成功的機會，還可以參加有益身心的休閒活動。如此一來，我們將生活得更加充實，更有利於事業開拓與家庭和睦。

第 1 章

麥肯錫如何定義時間？

認識時間的4個屬性

什麼東西最長又最短？

什麼東西最快又最慢？

什麼東西被忽視後，會讓我們後悔？

什麼東西失去後，會讓我們一事無成？

什麼東西既能吞下一切微小，又能創造一切偉大？

這些謎題出現在伏爾泰的小說《查第格》中，答案是「時間」，伏爾泰用生花妙筆描述了時間嚴肅且偉大的形象。

許多剛步入職場的人常常有這種感覺：總是不停被要求加班，無論是上班時間，或是週末、國定假日，被禁錮在冷清的辦公室裡埋頭苦幹，與親朋好友共度假期成了奢望。甚至因為一點耽擱，而沒有如期完成任務，即便儘快補救，仍被罵得體無完膚。類似的情況屢屢出現在職場上。

發生上述這些情況的原因是什麼？因為工作時間不夠嗎？很可能不是。那麼原因到底是什麼呢？我們不妨仔細思考一下。

俗話說「物以稀為貴」，我們總是會感受到時間的稀有和寶貴，卻也經常忽視和浪費時間。基本上，時間具有以下四個特點：

1 無法儲存

時間是由短暫的元素所構成，並且無法儲存。我們在舉手投足間，就會流失兩秒鐘，但在一分鐘之內，也走不了幾步。為此，德國文學家歌德曾發出「生命苦短，藝術萬古長存」的感慨，西班牙學者塞凡提斯（Miguel de Cervantes Saavedra）也曾表示：「時間一去不復返，就像奔騰澎湃的水流一般，毫不流連。」

2 無法代替

對每個人來說，時間都是不可替代且無法挽回的資源。而且，與其他資源相比，時間是最重要的稀缺資源之一。

在現代社會中，各類產品逐漸成為區分社會階級的符號。越來越多人為了維持或達到自己嚮往的生活水準，在工作上付出更多的時間，以期獲取更多收入；同時將時間用在各種可能讓人感到滿足的活動上，透過不同的體驗來實現自我。

在現實生活中，覺得極度飢渴的人們往往不是對物質感到匱乏，而是對時間深深嚮往，由此不難看出時間的無法替代性。也許有人會認為，生命中有各式各樣的資源，獨獨偏重時間太小題大做。但事實真是如此嗎？

根據「木桶盛水」的原理，真正制約裝水量的是短木板。同樣的道理，決定個人成就的是稀缺資源，而非富有資源。當一個人的成就達到一定高度時，會感受到稀缺資源的制約，這時候如何補充稀缺資源便成為重要關鍵。

時間就是一種稀缺資源，唯有恰如其分地管理才能使其發揮最大的能量。生命的本質在於對時間的管理，要努力做時間的主人，而不是奴隸。當我們無法控管時間，也就無法控管其他東西，當我們以時間奴隸的身份出現，就會被其耗盡。

3 無法停止

時間看不見也摸不著，不受任何條件所限制。一般情況下，人們會用河流來比擬無法停止的時間，但兩者有著本質上的差異：河流可以因為需要而堵截或貯存，但時間會一直順著未來的方向靜靜流淌，誰都沒辦法讓它停留。

時間不僅無法儲蓄和替代，而且無法再生。人們即使用嚮往的金錢來形容時間，也只能發出「一寸光陰一寸金，寸金難買寸光陰」的感慨，所以我們必須加倍珍惜時間，並充分利用。在現代企業裡，相較於人才和資金的緊缺，時間才是最珍貴的，畢竟人才和資金都可以儲存與累積，但時間只會不斷流失。

4 無法再來一次

俗話說「機不可失，時不再來」，流失的時間無法重來，過去的終將成為過去。無論我們如何使用時間，昨天的二十四小時都不會再回來為我們所用。當發明家愛迪生被問到：「在這個世界上，你覺得什麼是最寶貴的東西？」他毫不猶豫地回答：「時間。只有無法再來的時間，才是世上最彌足珍貴的東西。」

資本主義精神代表富蘭克林（Benjamin Franklin，美國政治家、發明家）曾說：「如果你熱愛自己的生命，請不要浪費時間，因為時間是構成生命的主體。」在現實生活中，事業有成的人都知道時間的難得與可貴，他們懂得珍惜時間，善於利用生命中的分分秒秒。

如何製作工作進度表？

在工作過程中，運用進度表能有效管理時間。我們可以列出能馬上做的事，有條理地安排工作，並記錄各項任務所花費的時間，這能幫助記憶，從而節省時間、提高效率。

沒有一位企業老闆喜歡丟三落四的員工。「好記性不如爛筆頭」，無論一個人具有多麼強的記憶力，只要時間久了，遺忘或記憶變得模糊都很正常，這對我們的職場生涯極為不利。

然而，工作進度表可以幫助我們記錄工作中發生的事，尤其是有用的東西，就不必擔心它們會被遺忘。

在現實中，大部分的人認為，將大大小小的事項記錄在工作進度表中，是不切實際且麻煩的事，因為工作如此緊張忙碌，將填寫記錄的時間用於處理其他的事，反而更有意義。也有一些人過於信賴自己的記憶力，在他們看來，記住每天的工作是件輕鬆事，將它記錄到進度表上顯得多此一舉。

但事實並非如此。在工作中，我們需要用大腦來思考。當主管下達臨時任務時，我們因為要思考如何完成這項任務，而將原本正在做或正想做的事擱置在一旁。當我們忙著這項臨時任務時，很可能會遺忘之前處理的任務。

小宇是一位業務，剛開始投入工作時，每天都疲於奔命。

某天，有一份文件需要小宇處理，但他之前沒有做好工作記錄，於是憑著自己的印象，填好收件人的資料後就寄出。到了下午，主管將他叫進辦公室，將那份文件扔到他的面前說：「你自己看，有像你這樣做事的嗎？」

看著摸不著頭緒的小宇，主管繼續說：「你把文件寄錯了。好險這間公司在附近，而且他們的王經理和我的關係不錯。他發現文件不對後，馬上送過來了。如果是別間公司，該怎麼辦？回去好好想一想，問題到底出在哪裡。」

後來，經過同事的指點，小宇瞭解自身的問題：雖然每天都很忙碌，卻毫無頭緒。不善於記錄的他在這麼長的時間裡，居然沒搜集到一丁點有用的資料。如果當時能將重要的資訊做記錄，也許就不會發生像寄錯文件這種原本可以避免的事。

從此，小宇養成做工作進度表的好習慣，慢慢體會到進度表帶來的便捷與樂趣。

用工作進度表，掌握進度與變化

工作進度表可以簡單卻精準地記錄資訊與文件，如第21頁圖1。透過它，我們能迅速且準確地找到所需資料，同時審查自己的進度。

當我們養成製作工作進度表的習慣後，每天早上只要一打開進度表，便能知道今天需要做的事，因為這些都已清楚寫在其中。而且，我們可以安心工作，不必在其他事情上分心，進而有效提高效率。此外，可以及時發現自己在某個時段內的工作進展及變化，促使我們以正確的工作方法和技巧投入新的目標中，也可以適時安排發郵件、打電話等，以便於和合作夥伴們保持聯繫。

透過工作進度表的記錄，我們可以合理安排當天的工作，避免因為忘記事情而坐立難安，同時將原本用於冥思苦想的時間拿來工作。甚至還可以透過它瞭解關於開會、計畫及文書等的安排，而能用少量的時間、充沛的精力來提高工作效率。

每位工作者都應該在入職之初，培養製作工作進度表的習慣，將下列事情寫入工作進度表中：

- 在會議上討論、決定及安排的各類事項。
- 主管約談時指派的事。

圖1　用工作進度表安排各項任務

完成時間	今日任務	所需資料	預計時間	負責人	地點	備註
1.5小時	寫企劃書	廠商資訊、報表	1小時	經理	辦公桌	今日進度50%
45分鐘	開部門會議	產品簡章、報告書	1小時	經理	2F會議室	下週會議延到下午
1小時	聯絡客戶	客戶資料	30分鐘	組長	辦公桌	已全部聯絡完畢
1小時	開小組會議	會議記錄簿	1小時	組長	1F會議室	下週報告
1小時	客戶來訪	客戶資料	1.5小時	主管	1F討論室	下次預計三天後來訪
1.5小時	寫提案書	市調資料	1小時	主管	辦公桌	今日進度70%
30分鐘	約談	筆記本	30分鐘	主管	主管辦公室	

和預計時間做比較，瞭解實際所需時間，下次有類似的工作時，可以作為參考。

- 外出洽公或拜訪客戶時的談話內容。
- 客戶來訪時的主要談話內容。
- 閱讀報紙時發現的工作相關資料。

填寫工作進度表時，應遵循「5W2H」基本原則，即什麼時間（When）、什麼地點（Where）、什麼人（Who）、什麼原因（Why）、發生什麼事情（What）、如何做（How）、做多少（How much）。

在開始每天的工作之前，先翻閱昨天的工作進度表，將其中未能完成的事，記入今天的進度表中，並根據輕重緩急的程度來安排。每完成一項工作後，在進度表中備註完成時間，以便與類似工作比對，幫助提高效率。

工作進度表不但是工作的好助手，在下班後還能全面回顧今天的工作，並瀏覽第二天需完成的事項。

如何製作作息時間表？

在工作中，為了完成更多任務而佔用睡眠的例子不勝枚舉，但是這種看似尋常的做法卻極端不科學。**過少的睡眠會導致健康惡化，只有保證每天充足的睡眠，才能擁有充沛的精力**。因此，制定合理的作息時間表並嚴格執行，是確保精力旺盛的必要條件。

一般情況下，一天的二十四個小時，被人們分成三個時段來利用：工作八小時，休閒（包括交通、娛樂、飲食等）八小時，另外的八個小時用於睡眠。但實際上，幾乎沒有人真正按照時段來合理安排時間。最普遍的情況是工作佔據休閒時間，休閒佔據睡眠時間，睡眠又奪走工作時間。

如此顛倒作息形成惡性循環，會將工作和生活都搞得雜亂無章，所以我們需要製作一張屬於自己的作息時間表，如圖2。

為了提高時間的利用效率，不妨從以下四點著手：

- 到了吃飯時間，除了特殊狀況之外，馬上放下手邊工作去吃飯，而且要杜絕邊吃飯，邊處理文件或瑣事。
- 到了睡眠時間就睡覺，杜絕被其他活動佔用，確保身心健康。
- 在工作時間內全力以赴，盡量避免浪費時間。是否能有效利用時間，是衡量一個人成功與否的重要指標之一。
- 到了休閒時間，就去休閒娛樂，絕不能和工作混成一團。

維持良好飲食習慣，提高工作效率

調查顯示，超過三〇%的上班族為了在早上多睡一會，寧願放棄吃早餐。但是，不良的飲食習慣常常會讓工作效率下降，導致出現巨大損失。

圖2　用作息時間表安排工作時間

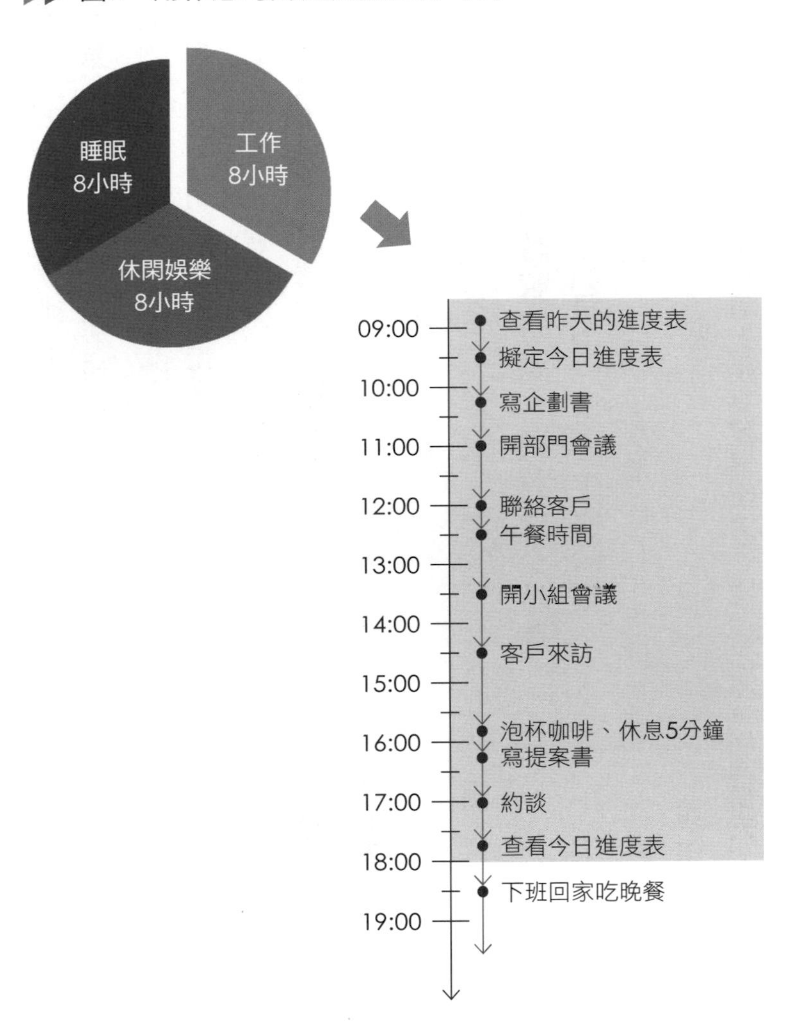

註：作息表中的淺灰色區域為工作時間。

早起時，因為十幾個小時沒有進食，人的胃處在空腹狀態，血糖降到了該進食的水平。在開始一系列的活動後，大腦和肌肉會消耗一定的血糖。如果不能進食或糖份攝取量不足，會因為體內血糖供應不足，而產生懶散、疲勞的感覺，表現出暴躁、易怒的脾氣，還會反應遲鈍。在這種情緒的影響下，整個上午都不可能達到最佳的工作狀態。

習慣不吃早餐的人，會因為飢餓而一直期盼午餐時間的到來，中午容易出現打瞌睡的現象。從提高工作效率的角度來看，必須保持良好的進食習慣，該吃飯的時候就應該吃飯。

保持規律的睡眠時間，避免社交時差

人的生命中，睡眠時間佔了超過三〇％。也就是說，一個九十歲的人，光是睡眠的時間就將近三十年。

擁有良好的睡眠習慣，是奠定健康的心理、生理及社會認知的重要基礎。為了使人們意識到睡眠的重要性，並關注品質，二〇〇一年國際衛生組織發起全球睡眠和健康計畫，將每年的三月二十一日定為「世界睡眠日」。

在職場中，不重視睡眠的大有人在，工作忙是他們最常使用的藉口，一旦忙起來便容易達到廢寢忘食的程度。在他們看來，連續忙碌五天之後，利用週末兩天的時間睡個夠，就能把睡眠時間都補回來。但如果事實真是這樣，為何他們在週一上班時，反而更疲倦不堪呢？

研究睡眠問題的專家指出，之所以出現這種「社交時差」的情況，原因在於平日用於睡眠的時間太少。

以睡眠專家的角度來看，正是他們平日工作繁忙、應酬過多，導致睡眠時間嚴重不足，而利用週末休假補眠的做法，嚴重影響正常的睡眠規律。在平日裡，清醒的時間越長，人們越容易感到睏倦，而在週末時因為補眠縮短的清醒時間，到週一時又突然拉長，自然會讓人出現睏倦、勞累、失眠等症狀。

從這種現象不難看出，出現社交時差的原因就是睡眠不足，而採用週末延長睡眠時間的做法顯然不科學，所以必須在平日適當增加睡眠時間。如果確實需要補眠，也只能在週六適當進行，週日的作息時間應盡量接近平日的規律。

為確保有效睡眠，不妨從以下三個地方著手（見圖3）：

1 養成良好的生活習慣

健康專家指出，經常熬夜、晚上大量飲酒等不良的生活習慣，會對睡眠品質造成影響。想要擁有良好的睡眠品質，需要科學地管理和良好的生活習慣，而不是一味依賴藥物。

2 盡量早睡早起

有一種睡眠障礙被稱為「晚睡強迫

圖3　在對的時間做對的事，讓效率UP

症」，是強迫性的神經功能障礙，其患者對睡眠有著發自內心的恐懼感，或是在睡前有強烈的興奮感，因此在生活中反覆出現不想睡的強迫性觀念，或者因為焦慮等因素，無法擺脫神經的興奮狀態，導致無法入睡。

患有晚睡強迫症的人常常到凌晨兩、三點才能入睡，睏倦反而演變成一種病態的亢奮，上網、滑手機、看電視，不折騰到凌晨兩三點鐘，就無法入睡，原本在白天就可以做完的事，一定要拖到半夜才完成。

針對晚睡強迫症患者，最安全的自救法是放鬆和自我催眠。這些方式有助於培養自我調節能力，對抗睡眠強迫症也有良好的效果。此外，可以喝熱牛奶、洗熱水澡等，使自己儘快入睡。

3 面對失眠，別盲目使用藥物

在現代社會，睡眠障礙是一種相當普遍的疾病，不但嚴重影響人們的生存品質，同時也是腫瘤、糖尿病、心腦血管疾病、抑鬱症及各種精神心理疾病的常見伴隨疾病。

專家研究發現，長期熬夜的人比堅持早睡早起的人更容易被癌症侵襲。因此，堅持每天多睡一小時，不但能使自己在工作時具有充沛的精力，還能發揮挽救生命的功效。

面對失眠，短期的患者無須使用藥物治療，先適當調整即可，不要一味使用藥物來達到快速入睡的目的。

高品質的休息，可以調整身心狀態

高品質的休息能讓我們以充沛的精力投入工作，但在現實生活中，我們卻難以達成。

想要獲得高品質的休息，必須做到該工作時工作，該休息時休息。即使忙於工作，也不可能連吃飯、上廁所，甚至是睡覺的休息時間都沒有。

但事實上，工作以外的時間也會受到工作時的緊張情緒影響。在需要休息時，各種工作細節依然縈繞在腦海中。即使離開電腦和文件，它們仍然徘徊在大腦中不肯離去。嚴重時，緊張情緒甚至延伸到睡眠中，使夢境被干擾，舒適睡眠的比例大幅降低。

為了提高工作效率，必須維持高品質的休息。休息不是浪費時間，連續二十四小時渾渾噩噩工作所取得的效果，絕對比不上全神貫注十二小時。「磨刀不誤砍柴工」，為了做到勞逸結合，我們一直保持精力旺盛，以清醒的狀態來維持高效工作。因此，我們應該學會在疲憊感來臨前休息，而不是到了非休息不可時才去休息。

想要獲得高品質的休息，可以從下列三點著手（見第33頁圖4）：

1 做有氧運動

在工作和生活中遇到不順心的事情時，可以透過跑步緩解鬱悶的心情。美國威斯康辛大學（University of Wisconsin）心理治療師瑞斯特教授，在長期觀察抑鬱症患者跑步後，得出一個結論：對於情緒低沉的患者，既不貴又沒副作用的處方就是跑步。

運動可以緩解壓力，步行和慢跑等有氧運動還可以調整血液流動，使人精神煥發。朝九晚五的上班族容易因為單調的生活節奏，而產生生理和心理上的疲勞，這時透過運動變換刺激，可以讓腦功能得到改善和調節。

2 擁有積極的想法

擁有積極的想法看似簡單，卻是很多人無法做到的事。保持樂觀的心情，要盡量多考慮事情積極的一面，只有保持樂觀才能讓一個人生機勃勃。與越走越窄的悲觀道路不同，樂觀會使人生的道路越來越寬廣。

3 保持餐後散步的好習慣

散步能改善大腦皮層對興奮和抑制的調節功能，而發揮消除疲勞、放鬆心情、鎮靜及醒腦的作用，使我們在整個下午保持充沛的精力。

對於長時間工作的人而言，散步顯得格外重要。輕快的步伐可以有效緩解神經和肌肉的緊張，具有鎮靜的作用。此外，走路使身體發熱、血液流速加快、大腦供氧增加，具有催化大腦運作的功效，因為血液循環加快所產生的熱量，能有效提高思維能力。

對於整天伏案工作的腦力勞動者而言，在戶外的新鮮空氣下散步，可以緩解緊張的大腦皮層細胞，使它們及時得到休息，從而提高工作效率。

圖4　運動、休閒、好心情，工作成效更棒

如何避免拖延成習慣?

清晨睡夢中聽到驚醒自己的鬧鈴時，雖然知道這是該起床的時間，但是感受到被窩的溫暖，還是毅然決然關掉鬧鈴，把起床時間向後延遲五分鐘、甚至十分鐘，這就是拖延。

拖延是導致時間緊迫的主要原因之一。即使在工作中，拖延的情況也屢見不鮮。將原本應該完成的任務順延到下一刻，一開始可能還會猶豫，但久而久之，當拖延成為一種習慣時，事情被延誤就變得理所當然。

「法律系畢業的高材生王越進入職場後，被指派的第一項任務是擬定一份銷售合約。對他而言，這簡直就是小菜一碟。但事實真的是如此嗎？

第一天，王越忙完手裡的工作，本來可以開始準備銷售合約。但是，他認為七天擬定一份合約的時間十分寬鬆，何必著急？

第二天，王越準備擬定合約，但被同事找去幫忙，直到中午才解決問題。因為疲憊不堪，下午也沒有心情做事了。

第三天，由於出現突發事件，王越又忙了一天，直到下班前才匆忙做完當天的任務。幸好，隔天是週末，考慮到有兩天的空閒時間可以用來工作，王越還是沒有把它放在心上。

第四天，王越和幾個同學相約去慶祝生日。吃吃喝喝玩了一天，晚上更是醉得一塌糊塗，被同學送回宿舍後，直到第二天的中午才睡醒。但是，他頭昏腦脹，吃了幾顆藥後，又躺回床上。

第六天是週一，在例會上，主管問起合約的事，王越不敢說沒有做，只好編了「已經做得差不多了，但需要進一步完善」的謊言，爭取明天做好的機會。例會結束後，王越趕緊準備合約書，但直到此時他才明白，主管為什麼會給他七天的時間準備這份合約書。原來，這份合約書並非他想像得簡單，需要大量的實證數字。以王越的水準，別說一天，兩、三天的時間也未必能把這份合約書做得盡如人意。面對這一切，王越的大腦亂成一團。

就這樣，第一次就沒有完成任務的王越，逐漸失去主管的信任。

在職場中，像王越這樣在面對任務時沒有將工作放在心上，而是一味拖延的情況不勝枚舉。但是捫心自問，他們被安排的時間真的不夠嗎？為什麼最後時間不夠用了？

其實，他們並非要管理的事太多，而是應明確知道「我今天什麼都沒做」、「我應該怎麼做」、「為什麼事情做不出來」這三件事（見第43頁圖5）。

第一件事：我今天什麼都沒做

無論是在企業裡，還是在生活中，無論是面對龐大複雜的任務，還是渺小簡單的事，我們都要認真對待，絕不拖延。一旦拖延，就會將今天該完成的事拖到明天才處理，甚至要等到別人提醒：「那件事你做完了嗎？」才會倉促處理。

人們正是受惰性的影響才會拖延，當事情需要付出努力或面臨抉擇時，總會尋找看似或聽似合情合理的理由來安慰自己，讓自己變得更舒適。有些人可以果斷壓倒心底萌生的惰性，主動面對挑戰；有些人卻深陷主動與惰性的酣戰中，被拖著左右搖擺、不知所措，導致時間被浪費。

當一個人的職場生活受到拖延症的暗中影響時，就會出現遇事推諉的情況，按時完成反而成為偶然。**當這種拖延症演變成堅固的習慣時，會使自身發展受到嚴重的影響**。

「

大學畢業的小明和阿強在同一家企業上班，但不知道是什麼原因，公司給付他們的工資相對較低。

小明面對低得有點可憐的工資，變得憤懣不已，還將這種不滿情緒帶到工作中，經常拖延、找藉口。至於利用工作時間，待在辦公室裡和同事們閒聊，把工作放在一旁的情況更是尋常。他的理由是：「拿多少錢，做多少事！」

逐漸地，拖延變成一種習慣，小明的工作效率越來越低，原本應該在週一提交的工作，到了週二還躺在辦公桌上紋絲不動。當小明受到主管的批評時，就故意將企劃書弄得一塌糊塗。發展到後來，他在接到任務時，第一時間考慮的竟然是可以如何推脫責任，而不是該如何將工作完成得盡善盡美。

阿強同樣面對低薪，但心態與小明截然不同。他沒有抱怨，更沒有把情緒帶入工作中。他堅信一分耕耘一分收穫，決定用今天的努力為明天的收穫打下基礎。

在工作中，阿強不辭辛苦，堅持到工廠裡主動熟悉產品的技術，學習生產流程，即使滿頭大汗也毫不動搖。就這樣，勤奮、好學又善盡職責的阿強，獲得主管的賞識，被任命為廠長助理。

在擔任助理職務後，阿強依然積極投入工作中，認真處理手邊的所有事務。力所能及的簡單事務都會及時完成，而緊急、重要、需要決策層解決的事，更是第一時間送到廠長面前。而且，他積極督促公司各部門的工作。在阿強的組織協調下，公司的生產效率大幅提高，阿強的個人職涯也得到長足的發展。

第二件事：我應該怎麼做

一個人的時間和精力有限，在現實生活中，我們可以嘗試像安卓・帕拉底歐（Andrea Palladio），將更多的時間投入有意義的事情上。

《建築四書》作者安卓・帕拉底歐，剛開始工作時，為了儘快成為出色的建築師，從不浪費時間，哪怕只是一秒鐘。他被看作是能充分利用時間的人，每一個認識他的人都會由衷讚賞：「看啊，那就是安卓・帕拉底歐，他真是懂得珍惜時間呢！」

帕拉底歐每天不但在設計和研究上花費大量時間，還同時負責很多事務。就這樣，他將大部分的時間用於處理零散的日常瑣事，不但增加自己的工作量，長時間下來，還將自己搞得十分疲累。

後來，他覺得自己要管的事情太多，時間總是不夠用，便向一位教授請教。教授聽完他的煩惱後，說了一聲：「其實做人是大可不必像你這樣忙碌。」

這句話一語驚醒夢中人，帕拉底歐意識到自己雖然做了很多事，但沒有多少是真正有意義的，這些毫無意義的事不但無助於實現目標，反而成了絆腳石。

於是，恍然大悟的帕拉底歐將大部分的時間和精力投入更高價值的事情上，不久後便完成了至今仍被視為建築業聖經的《建築四書》。

我們可以在辦公桌上擺放一句話：「在任何時候，都要堅持做有意義的事」，以提醒自己盡可能少做瑣碎、沒意義的事。

當我們陷入瑣碎的工作時，一定要及時反省：自己正在做的是不是最該做的事，如果發現不是，一定要立刻停止，並開始安排重要事項，讓自己成為時間的駕馭者，積極參與各種困難的決策過程。

當時間和精力被浪費，機遇輕鬆溜走的時候，就會導致人生悲劇的發生。那些對錢財吝嗇，卻不珍惜體力、腦力和時間的人，常常會因為休息或飲食的不規律而導致體力下降，甚至提前結束自己的職業生涯。

第三件事：為什麼事情做不出來

世界上最容易做到的事就是找藉口。事情太困難、代價太昂貴、耗時太多等看似或聽似合乎常理的理由，經常被人們用來拖延和逃避事情。

在工作中，找藉口推託被視為慢性毒藥。愛找藉口的人總會拖拖拉拉、毫無效率，他們不會主動想辦法解決問題，而是想方設法尋找可作為擋箭牌的藉口，以獲得別人的理解和諒解。長時間下去，當找藉口成為一種習慣時，人們就變得不再爭取成功。

一般情況下，常用的藉口有以下五種：

● 「我們從未接受類似的培訓」：這種為了掩飾能力和經驗不足的藉口，只能逃避一時，不可能一直遮掩下去。正確的做法是正視現實、努力學習，進而不斷進步。

● 「我們不曾使用這種方式，它不是我們的風格」：使用這種藉口的人大多是缺乏創新的守舊者，他們很難在工作中做出創造性的成績，總是可以找出合適的藉口，用以前的思維和經驗來解決問題。

● 「我這段時間很忙，但我會盡力」：選擇這個藉口來拒絕別人時，容易給自己一個拖延的機會。事實上，這種員工存在於每個公司中，看起來忙碌、盡責，通常會用超過半天的時間，完成只需一小時就能解決的工作。

● 「對方各方面都強於我們，實在無法跟他們競爭」：選擇這種理由來逃避

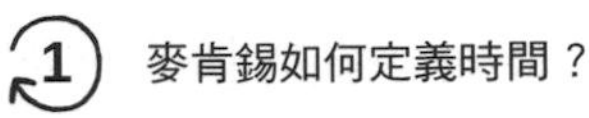

圖5　造成時間不夠用的原因

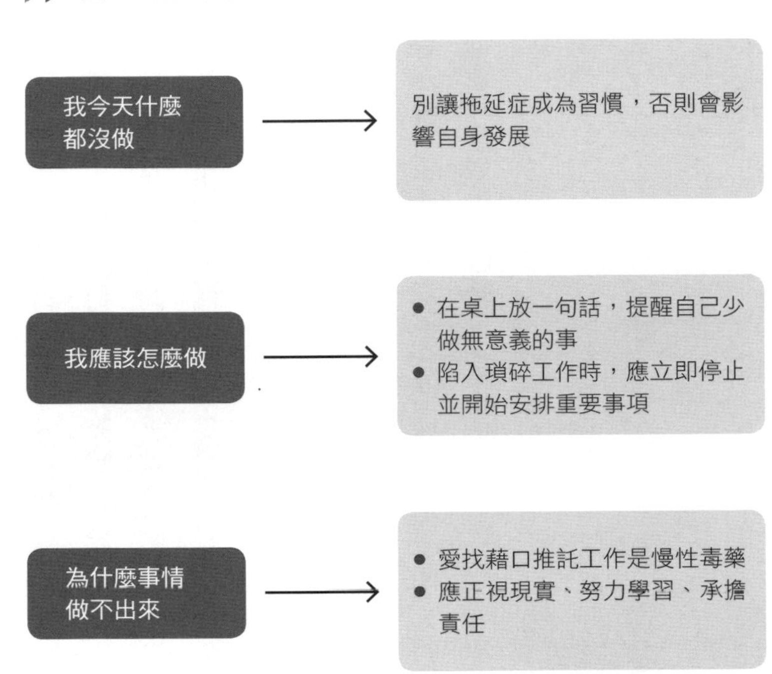

責任的人，注重自己的良好形象，他們往往不願承擔責任，卻又熱衷於接受表現，想要讓他們改正錯誤的產品非常困難。

- 「他們沒有徵求我的意見，就做決定了」：選擇這種藉口的人想要表達的是這件事與我無關，我是不會承擔責任的。

在職場上，懶惰成性的人會找各種理由來搪塞別人，進而拖延工作。當我們不再優先考慮藉口，而是承擔責任時，就已經具有做好一切的可能。無論理由多麼充分，都不可能幫我們把事情做好。當一個人將精力和時間應用於欺騙時，無論如何也無法取得好成績。

你的一生剩下多少時間能工作？

想要管理時間，首先需要瞭解每個人有多少時間可供管理，才有助於事業成功和提高生活品質。

試著計算人生黃金時間是如何利用

想要知道每個人在一生中可以利用的時間有多少，不妨做一個通俗的遊戲——剪時間尺。

首先準備一條六十公分的皮尺。為什麼要準備六十公分的皮尺？假設一個人的壽命為八十歲，零至二十歲這段時間是建立基礎的階段，不該被計算在時間管理中。所以，六十公分的皮尺代表二十歲至八十歲之間的六十年，每一公分代表一年的時間。

處於退休、半退休的六十歲至八十歲這段時間是老年時期，這時候人們對時間的緊迫感已淡化，所以先剪去代表這二十年的二十公分。這時，剩下的長度代表一生中最寶貴的黃金時間——四十年的盛年。那麼，盛年的時間該如何計算呢？

首先是睡眠時間。依照生理時鐘來說，一天要睡滿八小時才能滿足生理需求，一年中的睡眠時間就達到二千九百二十小時，四十年下來，睡眠的時間竟然高達十一萬六千八百小時，即十三年。再剪去十三公分，手中的皮尺只剩下二十七公分。

再來是飲食方面。一日三餐再加上週末和朋友聚餐的時間，平均一天大概需要二・五小時，一年加起來為九百一十二小時，四十年便是三萬六千四百八十小時，也就是四年。低頭看看，手中的皮尺已經變成二十三公分。

還有外出時間。假設每天在交通上花費一・五小時，四十年總共為二萬一千九百小時，也就是二・五年。再剪掉二・五公分後，皮尺只剩二十・五公分，接近黃金四十年的一半。

別忘了計算休閒時間

接著還有休閒、娛樂的時間。根據資料統計，每個人平均每天花將近三個小時看電視，四十年持續下來為四萬三千八百小時，相當於五年。這時候，剩下的時間只有十五・五年。

再來是鍛鍊身體、週末消遣。若將週末的時間全部用於娛樂，平均每天為三小時，若依然持續四十年，也就是五年的時間。再減去這五年，手中的皮尺只剩十・五公分。

還有日常生活所需的時間，包含刷牙、洗臉、洗澡和上廁所等每日必做的事，這些依照每天一小時的時間來計算，四十年就有一萬四千六百小時，相當於一・五年的時間，狠下心剪去一・五公分，還剩下九公分。

最後還有國定假日，如果每年有七天公休，四十年就有六千七百二十小時。

每天渾渾噩噩、做白日夢，用掉一小時；因為鬧脾氣、無法正常工作，再扣掉一小時，四十年就是二萬九千二百小時。各種虛度的時間算在一起，就有三萬五千九百小時，也就是四・一年。九公分減四・一公分等於四・九公分。

除了上述這些東西之外，還有其他方面的耗時，例如：陪親友談天、和同事閒聊等，按照每天一小時計算，四十年堅持下來就有一萬四千六百小時，相當於一・五年。

這時，把四・九公分的皮尺剪掉一・五公分，只剩三・四公分，如圖6。這說明人的一生中，能夠真正被有

▶▶ 圖6 用尺顯示時間，讓數據來說話

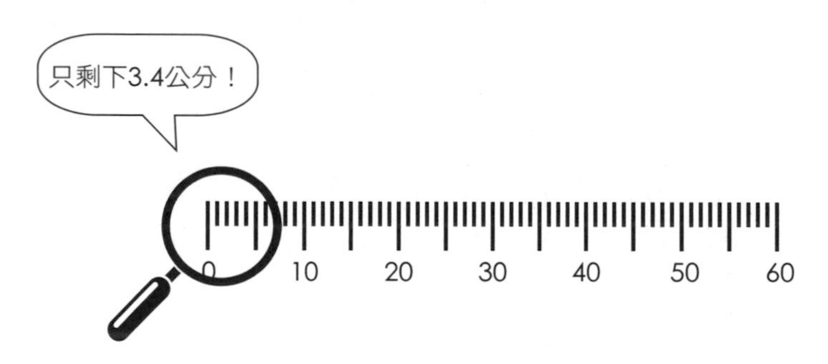

60公分代表20～80歲之間的60年，
每1公分代表1年的時間。

效利用的時間僅僅三・四年，即三年又五個月。

在上述的計算中，不排除略有誇大的成分，但大致上相差無幾。每個人都應該仔細思考事實是否真的如此，相信每位讀者也都計算得觸目驚心，這足以引起我們對時間的重視，明白時間在生命中的重要。

別浪費時間在瑣事上，只做有意義的事

透過上述的計算，我們知道在長達七十到八十年的一生中，真正被用於工作的時間只有短短的三年又五個月。從這裡不難看出，想要成功就應該抓住分分秒秒的時間，努力做對自己來說有意義的事。

但在現實生活中，無時無刻不在浪費時間。太多人在沒有必要的事情上琢磨，將生命的大部分時間用在瑣事上，這些毫無意義的瑣事，將時間切割破碎，使時間失去完整性。當我們剔除這些瑣事時，時間就回來了。

只受過三個月小學教育的偉大發明家愛迪生，靠著母親的教導和自修成才。憑著母親的諒解和教導，原本被公認是低能兒的愛迪生成為聞名世界的發明家。

愛迪生從很小的時候開始，就對身邊的事物感到好奇，總是喜歡親自動手弄清楚其中的道理。長大後，他延續這個習慣，全神貫注地投入研究和發明。他在新澤西州的實驗室裡，發明了電燈、電報、電影機、壓碎機、磁力析礦機等總共兩千多種東西。可以毫不客氣地說，愛迪生強烈的研究精神，改變了全人類的生活方式。

愛迪生曾對助手說：「在短暫的人生中，沒有比浪費時間更讓人心痛，我們一定要盡量用最少的時間，盡可能解決更多的問題。」在實驗室裡，愛迪生讓助手測量一個沒有燈口的空燈泡容積。助手拿出測量工具比畫了好一陣子，然後拿著測量資料去辦公桌計算。

愛迪生悄悄走近忙得滿頭大汗的助手，先把空燈泡注滿水，然後遞給助手說：「你將這些水倒入量杯裡，看看有多少？」

助手接過量杯，立刻明白愛迪生的意思。愛迪生輕聲說道：「其實這才是我要你做的事。這樣的測量方法既準確又簡便。你把問題想得太複雜，而且浪費時間啊！在短暫的一生中，用簡便的方法節省下來的時間，可以用來做更多的事。」

「時間就像海綿裡的水，只要你花力氣去擠，總會有的。」在現實生活中，說我們沒時間是不對的，其實有太多不知不覺浪費的時間，當我們能整合這些時間時，會發現它們其實相當可觀。

當我們仔細審視生活時，要去除那些大可不做的事。例如不要分批購買可一次性購買的東西，更不要購買偶爾才會用到的東西，這樣既可以節約金錢，更可以節省時間。

喜歡思考的大腦將原本簡單的事想得過於複雜，使我們受困於那些看似複雜的事物中，因為枝微末節和無關緊要的東西而迷失自我。當我們能徹底拋開無關緊要的東西時，便可以轉而在重要的事情上投入更多的時間和精力。

當我們嘗試減少瑣事時，需要抑制自己的衝動。一個良好的習慣，要從每天的一小步變化開始。當一個人能把花費在瑣事上的時間，調整到自己的夢想上時，可能會提前實現，儘早享受成功的感覺。

時間管理的重要性

當一個人將更多的時間用於工作，例如參加各種會議、回覆大量郵件，導致午餐不得不在辦公桌上吃，甚至縮短或取消假期，但即使這樣疲於奔命，還是無法跟上節奏，這是為什麼呢？原因就在於人體無法像電腦一樣長時間高效作業。我們需要為了維持身體的固有節奏，進行間歇性充電。

研究顯示，業餘時間決定人的差異，而真正決定命運的是晚上的八至十點鐘。若我們用這兩個小時，閱讀、思考或做有意義的事情，長期下來，人生將會發生顯著的改變。

在時間管理高手的字典裡，沒有「沒時間」這個概念。他們認為沒時間不過就是沒有完成工作的人的藉口而已。現實生活中，有很多比我們更忙碌的人，就是因為有效管理時間，才能完成更多工作。因此，有效管理時間是人人都想掌握的技巧，也是走向勝利的秘訣。

對時間進行管理，也就是做決策的過程，需要判斷每一件事的重要與否。前惠普公司（Hewlett-Packard Company，簡稱ＨＰ）總裁格拉特很會管理時間，他與顧客溝通的時間為二〇％，參加會議的時間為三五％，花在電話的時間為一〇％，批閱文件的時間是五％，而剩餘的三〇％時間則運用於和公司沒有直接關係、卻對公司有益的活動業界共同開發的技術專案、由官方組織的貿易協商諮詢委員會，以及突發事件等。

在現實生活中，會有各種或大或小的事需要我們處理，想要將它們同時解決得盡善盡美，顯然不太可能。無論是誰，都無法在同一段時間處理超過兩個以上的工作，更不用說能保持高效率。

重點整理

- 時間是人的一生中最稀缺的資源，唯有恰當地管理時間，才能發揮最大的能量。
- 透過工作進度表，可以及時發現某個工作時段的進展狀況與變化，促使我們以正確的方法和技巧投入新目標中，也能合理安排當天的工作，避免浪費時間。
- 是否能有效利用時間，是衡量一個人成功與否的重要指標之一。因此，要維持良好的飲食習慣、規律的睡眠時間、高品質的休息，在對的時間做對的事。
- 任何時候都要堅持做有意義的事，如果陷入瑣碎工作，先看看正在做的事情是否有必要處理，如果不是最應該做的事，要及時停止並進行自我反省。

● 人的一生中，能被有效用於工作中的時間只有三年又五個月，所以我們要判斷每件事情的重要程度，去除不必要的瑣事，努力抓住每分每秒的時間。

Note 我的時間筆記

第 2 章

麥肯錫如何分配時間？

【簡單原理】抱持必勝的心態確認目標，付諸行動

缺乏安全感是人們的通病，在工作中更是如此。現代社會中，擔心不能將事情做好、成就無法得到認可等，各式各樣多餘的擔心是導致缺乏安全感的主因。其實，這些擔憂都是人們強加在自己身上的不良情緒。

缺乏安全感會造成許多危害，它讓人有一種摸黑下樓的感覺，常常會因為周遭環境、位置等不確定因素，而擔心一腳踩空。而且，缺乏安全感會讓內心產生恐懼，出現是否能持續下去或是能否回頭的擔憂，讓原本十分鐘就能解決的事硬是花上半個小時，造成嚴重的拖延。

為了避免讓拖延導致效率降低、工作時間延長，不妨從最有把握的簡單事情做起。如此一來，能重拾因缺乏安全感而被丟掉的信心，進而以必勝的心態展開

手頭上的任務。

「材料工程系畢業的阿輝，憑著對廣告行業的濃厚興趣，任職於一家廣告公司。由於他的科系和廣告業不相關，只憑著滿腔熱情投入工作中，不熟悉工作上的事務就成了家常便飯。不過，這卻讓阿輝感到很沮喪。

想改變這種狀況，不妨從最有把握、最簡單的事情開始。阿輝畢業於材料工程系，強項必定是與材料工程相關的內容，從材料工程延伸出來的廣告製作，無疑是他最容易入手的地方。於是，阿輝從這裡展開廣告行業的第一步。

基於對專業知識的自信，阿輝在從事廣告製作時，有很大的把握，這帶給他心理上的安全感。」

安全感的建立過程是分階段進行，雖然過程中會因為個人因素而有所區別，但大致上可以分為三個方面：瞭解真正的自己、確立明確的目標、提高工作的興趣（見第65頁圖7）。

1 瞭解真正的自己

明確地認識自己是自我評價的過程，也是間接瞭解該如何做事、怎麼將事情做得完美的過程。

「

畢業季來臨，到底是選擇自行創業還是留校工作，是近期困擾著小亮的問題。之所以會出現這種情況，是因為在面對畢業求職的巨大壓力時，小亮完全不知道該何去何從。在他的心裡，自行創業和留校工作都是感興趣的事，但是當他要做出選擇時，又瞻前顧後、拿不定主意。

」

其實，小亮應該明確意識到兩件事：

- 若自己創業，需要具有良好的社交能力和優良的心理素質。

● 若留校工作，要具備細心、謹慎的工作態度。

假如小亮具有良好的創業條件，而且相較於留校工作，創業能力更突出，那麼自行創業無疑是走向社會的明智選擇。

如果這兩種素質在小亮身上沒有明顯差距，做出什麼選擇就要看他的規劃了。假如他希望自己能叱吒商場，就必須放棄留校工作的機會。

不同的選擇帶給人們的安全感也不同。只有真正符合自身條件和要求的選擇，才能為自己帶來最大的收穫。所以，**想要做出合理的選擇，必須對自己有一個明確的認識，才能建立真正的安全感**。

2 確立明確的目標

美國心理學家威廉・詹姆斯（William James）認為：「一項懸而未決的工作，比任何事還讓人感到疲憊。」目標的確立，將對我們投入的精力和恢復挫折的能力產生巨大影響。

只有與自身條件一致的目標才有效。一個有效的目標應設立在我們擅長的領域中，它不但能讓我們在執行過程中提高樂趣，還能幫助我們順利完成、提升效率。在把握目標的同時，我們將建立起牢固的安全感，不會因為擔憂、懷疑和抱怨，導致情緒陷入波動之中。

3 提高工作的興趣

當一個人對自己正在做的工作失去興趣，會表現得無精打采，同時也會喪失信心。興趣並非如同流星般出現，而是在工作過程中下意識地培養。

對工作缺乏興趣，很可能是因為熱情被消磨殆盡。想要提高工作興趣，不妨從以下三個重點來解決：

- **集中注意力**：在工作中，大量的資訊會透過高度敏感的神經反應，傳送至大腦，因工作帶來的喜怒哀樂也會同時銘刻在其中。當我們對工作的依賴程度達到一定的高度時，就會在不知不覺中產生濃厚的興趣。

▶▶ 圖7　建立安全感的過程

進行自我評價，包括優缺點、能做什麼、能達到怎樣的成果等

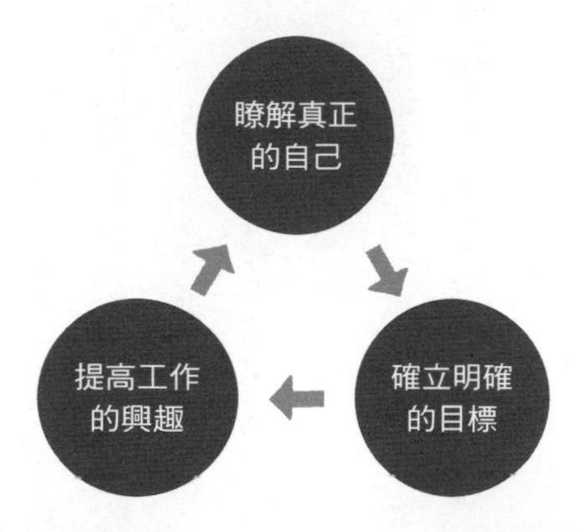

可以從集中注意力、自我暗示、自我安慰，這三個方面來提升

設立條件一致的目標，可提升工作樂趣和效率，同時也會建立可靠的安全感

- **自我暗示：**也就是反覆提醒。在工作的過程中，我們要幻想這份工作會帶來美好的前程和可觀的經濟效益。即使現實中有令人不滿意的地方，這些暗示會幫助我們提升工作興趣。
- **自我安慰：**無論是內部因素還是外部干擾，當我們遭遇各式各樣令人不愉快的事情時，需要學會自我安慰。自我安慰能及時釋放之前累積的不良情緒，避免出現灰心、放棄等狀況。發自內心對自己的肯定，將會強化我們的歸屬感，這時成功也就變得不再遙不可及。

在工作過程中，從最有把握的事情入手、明確自己的工作定位、踏實地走在自己選定的道路上，橫溢的才華將得以施展，讓工作進行得更加順利。

【帕雷托法則】用20%時間集中火力，獲得80%回報

帕雷托法則也稱作二八原理（80/20原理），是由義大利經濟學家帕雷托（Vilfredo Federico Damaso Pareto）提出。根據帕雷托法則，「無論什麼事，重要關鍵通常只占少數。」

在工作中，當我們能**集中精力處理較為重要的二〇%工作時，就已經解決了八〇%的任務量**。從企業管理來看，每位優秀的管理者只要做好最重要的事即可，畢竟時間有限，沒有必要事必躬親、面面俱到。

帕雷托法則常被用於應付一系列有待完成的工作。面對冗長的任務安排，人們往往會產生畏難的情緒，甚至燃起想放棄的念頭。如果優先處理最容易的事，將困難的事留在最後處理，會導致難辦的事永遠無法完成。其實，正確的做法是

應用帕雷托法則，**選出其中最重要的幾項，並集中精力完成。如此一來，我們不會因為次要的工作而忽略首要任務。**

用二〇%時間處理最具生產力的事

被事情牽著鼻子走的人，會把每天八〇%的時間用來應對各種干擾。

透過帕雷托法則，我們知道**取得卓越成果的高效員工，通常只花費二〇%時間在最具有生產力的地方，就能帶來八〇%回報**。當我們養成率先完成重要事情的習慣時，自然會在具有最大價值的工作上投入充分的時間。這時對我們而言，能帶來豐厚收益的工作將不再是遙不可及的夢想。

企業需要健康、持久、平穩的發展。一個優秀的企業管理者，要能透過事物的表面特徵去分析背後的本質，堅持做自己應該完成的事。

在企業的個人考評中，完成專案的數量及執行品質佔八〇%，處理緊急情況的數量只佔二〇%。但在現實中，每天用來處理各種緊急情況的時間卻佔到八

○%，而用來從事重要工作的時間僅有二○%（見第71頁圖8）。

所有對完成專案沒有直接貢獻的活動，都是浪費時間的表現。「滅火」行為只是用來幫助維持現狀，只有能徹底消除「火災」隱患，並及時修復故障、改善公司經營狀態的人，才會得到領導者的賞識。

小娟是熱心腸的員工，總是在同事遇到困難時，及時伸出援手。

這天，她的上司來找她：「小娟，你最近在忙什麼呢？」

「我一直在幫其他部門滅火。」小娟回答。

聽到小娟的回答，經理有點不高興地說：「我交代給你的任務都做完了嗎？」

「還沒開始，我一直沒有時間。」小娟小心翼翼地說。

「若自己的工作都沒做，不要先忙著幫助別人。一定要弄清楚工作中的重點。」上司指點道。

從此以後，小娟開始覺得分清工作中的優先順序是件很重要的事，及時完成工作的感覺也十分舒暢。

在日常生活與工作中，因為幫助別人滅火而受到表揚的少之又少，多數人都是因為「消除自己範圍內的火災隱患」而獲得成功。我們每天都要圍繞著自己的工作展開行動，並及時撲滅周圍的火。

關鍵在於效率，必須懂得取捨

帕雷托法則的關鍵在於效率一詞。在企業中，位於不同管理階層和不同崗位的員工，因為工作內容的差異，目標和重點各有不同。我們必須**明確目標**、**抓住重點**、**在必要時懂得取捨**，**以及集中主要精力完成該做的事**。例如總經理需要在企業的經營目標、發展方向和決策方面，投入八〇%以上的時間和精力；業務員則需要將八〇%以上的精力和時間，用來尋找與追蹤客戶。

每位成功人士都懂得自我克制，他們把主要的精力投入最重要的事情上，所

圖8　用圓餅圖解說帕雷托法則

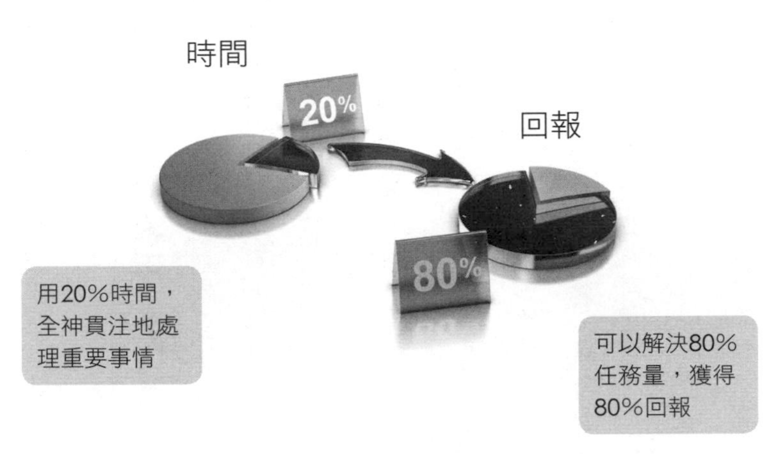

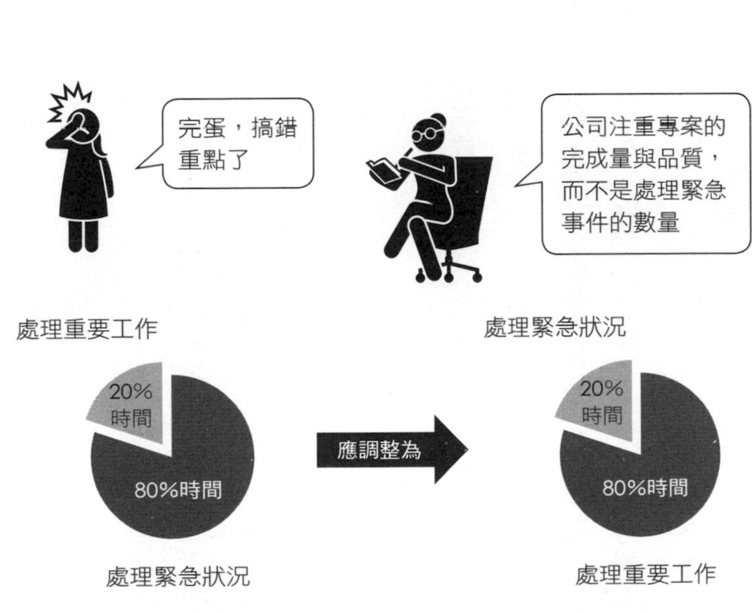

以才能發揮自身的優勢條件，輕鬆達成既定目標，並取得高於別人的成就。

從3個重點著手，做好分內的事

如何應付紛繁複雜的管理工作，是企業管理者經常思考的問題。我們不妨從下列三個重點著手（見第74頁圖9）：

1 不做分外的事

論語中寫道：「在其位，謀其政；不在其位，不謀其政。」但是，處於起步狀態的中小型企業為了節約成本，經營者和管理者身兼多職的情況十分常見。當企業發展到一定的規模後，即使不需要他親手操作，但他保持事業起步時的習慣，總是不放心由別人來處理，老想著事必躬親。然而，這樣的企業是沒有發展前途的。

有些企業管理者因為本身是某領域的專家，而擁有強烈的優越感。在他們看來，所屬領域中沒有誰能超越自己，所以選擇親自動手。久而久之，身為技術專家、銷售精英或公關高手的他們，並沒有進化為優秀的管理者。他們在工作中忽略自己身為統帥的職責，反而轉身去做獨當一面的大將。

此外，企業在要求員工一人多工、身兼多職的情況下，貌似減少了運營成本，但也扼殺了員工在其特長方面的發展，很有可能會使員工錯失多項專業的研究成果。

2 不做不重要的大事

一位優秀的管理者，要分清楚每天面對的事務是否重要，這樣才有足夠的精力做好分內的事。

曾有一位優秀企業家，在公司裡只關注財務狀況、產品品質和市場回饋這三方面的問題，其餘的時間則用於休閒、娛樂。即便這樣，他的企業依然快速發展，而且規模越來越大。為什麼會這樣呢？原來，這位企業家關注的正好是企業經營的關鍵。他掌握關鍵，使企業在發展過程中不至於出現過大的偏差。

▶▶ 圖9　管理者面對龐雜工作，著手3件事

不做分外的事	→	管理者老想著事必躬親，並不會成為優秀的統領，反而扼殺了員工的發展
不做不重要的大事	→	• 分清事情的重要與否 • 掌握企業經營的關鍵點
努力做好重要的小事	→	學會區分看似小事卻極為重要的情況

3 努力做好重要的小事

和前面「不做不重要的大事」一樣，努力做好重要的小事，呈現的同樣是透過現象來抓住事物本質的能力，它不但可以展現管理者取捨之間的氣度，更能展示他睿智的思想。

漢宣帝的丞相丙吉，有一次在民間巡視時，看見聚眾打架，他一聲不吭地走了過去，完全不理會這件事。又有一次，丙吉在巡遊的時候，路邊的牛吐出舌頭喘粗氣。見到這種情況，丙吉急忙上前詢問原因。他的隨從不解地問道：「為什麼你不詢問聚眾打架的事，卻如此看重牛的狀況？」

丙吉解釋：「民眾的事會有專門的人處理，不會造成重大傷害。牛的異常則不然，它極可能是瘟疫的前兆或天氣大旱的預警。與瘟疫和大旱相比，聚眾打架的事顯得微不足道。」

一代名相丙吉能**區分看似重要卻尋常的事，更能探究出看似小事卻很重要的情況**。那麼，在企業管理工作中，我們為何不能區分各種紛繁複雜的事務呢？

【四象限原理】釐清事情的輕重緩急，決定處理順序

現代生活節奏快速，人每天都會遇到一大堆事，有重要的、緊急的，還有一些不重要的瑣事。

麥肯錫認為，事情都有輕重緩急，**將它們的屬性整理出來，能大大提高處理與解決的效率**。當特別需要解決的事情多，計劃和執行的時間間隔長的時候，運用這個方式的效果會十分明顯。

現在，靜下來想一想在工作與生活中曾經碰到的難題（見第78頁圖10），例如：

- 在工作中，你需要同時推動幾個專案，但所有的專案都無法如期完成。

- 上司臨時交辦的許多瑣事，讓你無法集中精力完成手頭的工作。
- 工作總是被無故中斷，好不容易擁有的思路又被打斷。
- 每天下班後，總是十分疲憊，好像有做不完的事。
- 現在沒有時間去運動或休閒，總是覺得很忙。
- 每天上班的第一件事就是登錄LINE查看聊天記錄。

通常，決定一個人成功與否的關鍵在工作的八小時之外。工作之餘，要好好利用每一天的時間，做些可以提升自

▶▶ 圖10　工作與生活中會碰到各種難題

我的事。同樣都在上班，有的人能在上班時間內完成應有的工作，有的人總是抱怨事情太多、時間不夠用。其實，把一件事情做好並不難，但把許多事情都做得井井有條才是真本事。

將所有的任務區分為四種類型

當一個任務交代下來時，肯定要全力以赴解決。但是，當許多件事需要同時解決時，我們的腦海中可能會浮現幾個疑問：「要先做哪一個？」「以哪一個為重？」「怎麼編排工作的順序？」這時，我們可以使用麥肯錫時間管理技巧中的四象限原理。

無論是什麼事情，都可以按照屬性分為四種類型，如第81頁圖11：

- 緊急且重要。
- 重要但不緊急。

- 緊急但不重要。
- 不重要且不緊急。

將每天要執行的事情，依照以上四個類型歸類後，會得出類似圖11的四個象限圖形。對員工來說，應該按照級別順序執行任務，遇到困難或一時難以解決的事，則應直接找上司協助解決。對管理者來說，運用這種方式更重要，因為每天要處理繁雜且大量的事，只有合理分配時間才能讓事情有條不紊地完成。

第一象限：緊急且重要的事

這類事情無論從事情本身或性質上來看，都是必須馬上處理的事，例如產品要上線時出現嚴重紕漏。這時絕對不能拖延，必須立刻著手解決，以確保產品按時上線。再比如應對難纏的客戶等，這類事情十分重要且緊急，不能一再拖延。

此外，還有一些重要的事因為前期準備不足，或時間觀念上的疏忽，導致到了完成時間，還有很多事要處理。這類事情也將演變成緊急且重要的事。正是因

▶▶ 圖11　用四個象限安排自己的任務

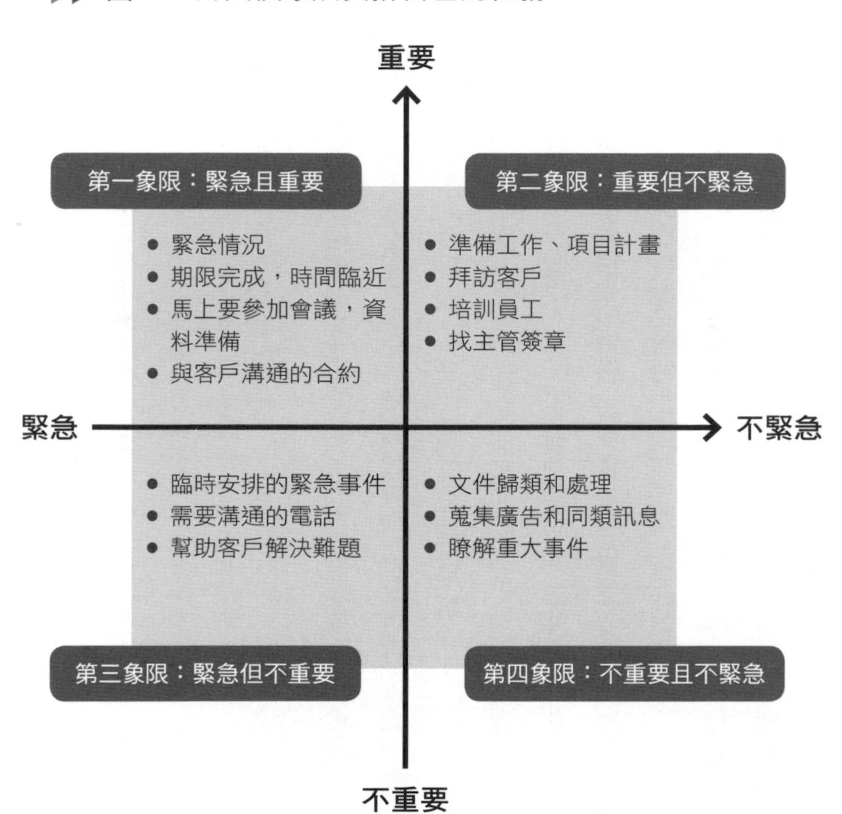

為缺乏時間觀念，才會導致「重要但不緊急」的事轉變為「緊急且重要」的事。所以麥肯錫建議：**馬上著手解決重要但不緊急的事，讓第一象限的工作越來越少**。

第二象限：重要但不緊急的事

雖然這個象限裡的工作不緊迫，卻十分重要，能否安排好、處理得當，決定著是否會滯留更多重要工作，被迫轉移到「緊急且重要」的第一象限裡。所以，此象限的事需要高度重視，我們必須**有計畫地解決**。

首先，需要第一時間將這些任務按照緊急程度分類，優先處理相對緊急的事，然後再解決下一個，最好是能制定時間進度表，在規定的時間內完成。如果事先做好規劃、準備預防措施，很多緊急且重要的事便不會發生。這個象限裡的事不會催促我們處理，因此必須主動完成（見圖12）。

麥肯錫發現，這正是發揮個人領導力的領域，更是區分傳統低效管理與高效卓越管理的重要關鍵。所以，麥肯錫建議：**管理者要把八〇%的精力投入這類工**

▶▶ 圖12　第二象限的事必須優先處理

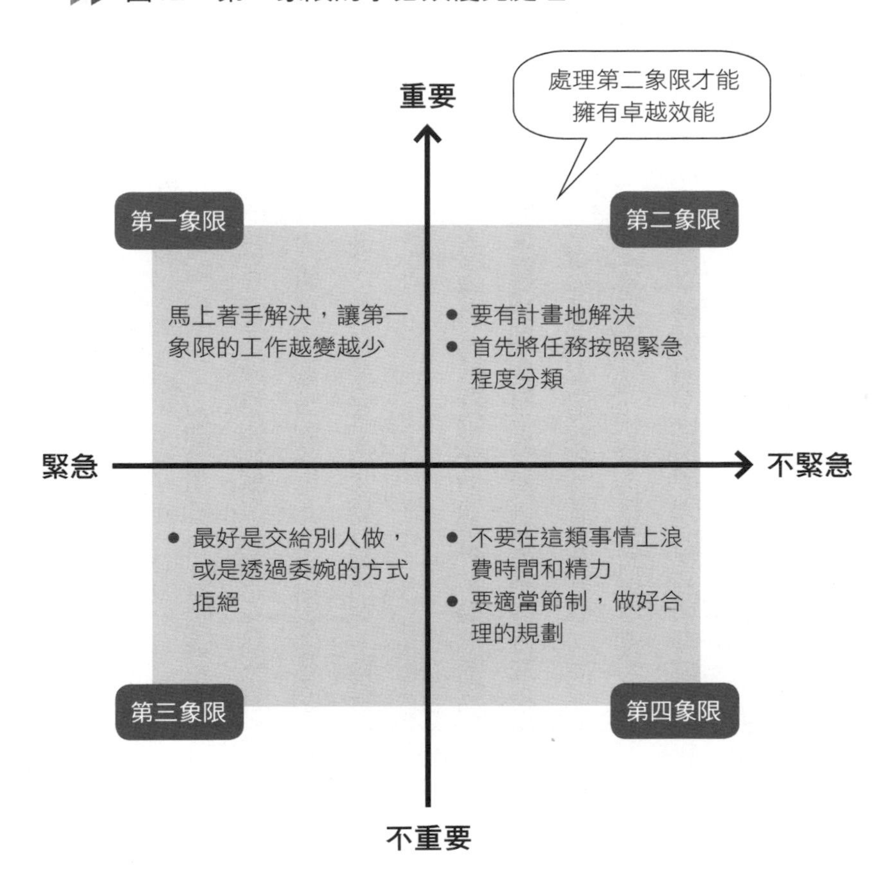

作中，杜絕瞎忙。

第三象限：緊急但不重要的事

這個象現中的工作經常誤導我們。按照平常的思維模式，緊急的事情往往比較重要，因為當一件事必須馬上解決時，潛意識會認為它肯定非常重要，但事實並非總是如此。

舉例來說，當我們正在為一個專案忙得焦頭爛額時，同事突然過來請教問題，這時原本重要的事就會被打斷，又不得不幫同事解決難題。對於這種情況，麥肯錫建議：**最好是交給別人做，或透過委婉的方式拒絕**。

第四象限：不重要且不緊急的事

如果我們仔細思考會發現，這個象限裡的事情是讓我們忙碌且盲目的源頭，因為不重要也不緊急的事通常是瑣事，而且非常多。而我們在處理這類事情時，並沒有摸清楚重點，例如每天登錄ＬＩＮＥ瀏覽聊天記錄、逛論壇或看社群媒體、聽聽歌、或放鬆一下等等，這類事情可以選擇是否要做。

麥肯錫認為：**要適當節制，做好合理的規劃**。例如限制每天耗費在不重要且不緊急事情上的時間，並嚴格執行。千萬不要為這類事情浪費精力，否則就是浪費生命。

在某次行銷會議中，談到時間管理的四象限原理。多數人認為，緊急且重要的事必須馬上解決，但對於重要但不緊急的事和緊急但不重要的事，兩者誰先誰後，主管A和主管B發生爭執。

主管A認為，緊急但不重要的事必須優先處理。他的理由是：因為這類事情即使不重要也得優先考慮，不然錯過最佳處理時間，會導致失敗。

主管B則認為，要先做重要但不緊急的事。他的理由是：為何要犧牲處理重要事的時間去做不重要的事？主管應適當將權力交給部屬，把緊急但不重要的事交辦下去，才能節約時間和精力去解決重要的事。

問題來了：主管A和主管B的處理方式，哪一位更符合高效的時間管理？

試想一下，我們把時間都花在哪一個象限上？很多忙碌的人無疑是把時間花在第一象限，他們花費巨大的精力去解決緊急的事，然後緊急且重要的事一個接著一個到來，無論如何也無法全部解決。時間一久，他們就會被擊倒、壓垮，精神壓力也會越來越大。

優先處理第二象限，才能提高效能

如果把精力花在第三象限，處理事情的效率就會欠佳，不要認為緊急的事應該馬上處理，而是必須先分清輕重緩急。而且，事情的緊急程度往往因人而異，有些事在別人看來十分緊急，對你來說卻並非如此，這時需要用智慧去處理。對於第四象限更是如此，花時間處理這類事情顯然是浪費時間，對我們的成長十分不利，也不該成為抱怨時間不夠的理由。

在麥肯錫，處理第二象限的事情才是擁有卓越效能的核心。只有把這類事有條不紊地完成，才能保證工作的品質和效率。麥肯錫不希望員工每天像狗一樣忙碌，反而要求員工合理規劃，在限定的時間內把重要的事一件件完成，提前做好工作計畫和時間規劃，以免沒有更多的時間處理重要的事，而臨陣磨槍。

【有序原理】用5重點3原則，治好辦公桌堆積症候群

一張辦公桌應該要整潔有序，但在辦公桌上堆積文件，卻是大多數工作者共通的毛病。

雜亂無章的辦公桌，會使我們無法立刻找到所需資料，導致工作無法正常進行，而無意中丟掉的資料可能使部分工作不得不重新處理，明顯降低效率。

而且，亂七八糟的辦公室，會留給同事或客戶不好的印象，各種重要文件、記錄、計畫等資料可能放錯地方，導致日後為了尋找資料浪費大量的時間。

工作環境不整齊的人，欠缺組織能力

根據統計，英國人一生中大約要使用一年的時間來找東西。美國對兩百家大型企業職員的調查報告也顯示，他們每年花費在尋找胡亂堆放物品的時間大約是六週，也就是說每年有高達一〇%的時間用在尋找上。要應對「尋找」這個時間竊賊，最好的辦法是：丟掉沒用的東西，將有用的東西分門別類管理。

為了避免用大量的時間尋找東西，而造成事情耽誤、情緒低落，必須整理辦公桌。在現代企業管理中，對工作場所的整潔度要求已被列入員工的個人考核中。

前奇異總裁拉爾夫・科迪納爾（Ralph J. Cordiner）認為：「如果不想讓你約談的客戶分心，想讓他專心聽你說話，就要保持辦公桌的清爽，而不是在上面擱置大量文件。」

美國管理學大師史蒂芬・柯維（Stephen Richards Covey）同樣認為，必須保持辦公桌乾淨整齊。只有需要處理的工作才放到桌上，其他所有東西都必須清除，包括沒有歸檔的文件、書籍、個人資料、辦公文具等。

也許你認為辦公桌雜亂是個微不足道的小毛病，但事實真是如此嗎？人們通常會認為，桌面不整齊的人欠缺組織能力。一個沒有能力管理辦公桌的人，要如何將一個部門或企業管理得井然有序？

對很多知名企業家來說，把辦公桌弄得亂七八糟的人不是優秀的時間管理者，因為具有良好時間觀念的人不會花費很長時間，在一堆雜亂的文件當中尋找資料。

懂得高效管理的人絕不會在尋找東西這類事情上，用掉過多的時間，因為他們知道維護工作環境整潔乾淨，可以讓人身心愉悅，做事更有效率。畢竟，在你無法找到所需的東西時，也在浪費別人的時間。

「

小凱是一名研究生，學校規定他們畢業前要準備兩種照片交給學校管理室。

小凱交照片時，發現負責老師將正在處理的資料隨手丟在一堆亂七八糟的文件上，就收下自已交出的照片。雖然他擔心這些照片可能會被弄丟，但考慮到老師具有多年的管理經驗，應該不會把這麼重要的事弄錯，便沒有多說什麼。

沒想到幾天後，老師又來催小凱交照片。他滿臉疑惑地想：「我明明已經交了，怎麼會這樣？一定是老師弄錯了。沒辦法，只好再過去看看。」

結果，在小凱的幫助下，老師用一個多小時的時間，終於在一堆即將被丟掉的文件堆裡，找到小凱的照片。

像上述那樣的負責人多麼讓人擔憂啊！當我們將屬於自己的東西整理得井井有條、觸手可及時，至少可以節省十分之一的時間來處理其他事情。

保持辦公桌整潔的5個重點

面對堆積如山的文件、不斷膨脹的資訊，不妨採取下列方法管理：

運用一個文件櫃，將所有文件分門別類後，按照一定的順序放置。另外，在使用完文件後，也必須及時歸位。

為了保持桌面井然有序，必須做好以下五個重點（見圖13）：

1. 優先考慮物品與文件是否方便取用：在清出桌上用不到的東西前，首先要明瞭經常用到的東西是什麼？有哪些東西從來不使用？在確認這兩個問題後，就能確定東西的擺放位置。一般情況下，每天都會使用的文件應放在伸手可及的地方；不常用到的東西保存在文件櫃裡；沒有保存價值的信件則要及時清理。

2. 管理待辦文件：當需要的資料較多時，每看完一份就放回文件夾會對工作造成影響，因此不該將它們堆放在桌上，而是放在最便於拿取的抽屜裡，並歸入取名為「待辦」的檔案夾中，以表明它們正在使用。一旦使用完畢，應及時歸位。

3. 定期整理文件：每隔一段時間，你會發現文件夾裡塞滿資料，這時有必要抽出時間整理。整理時可以參照ABC優先順序法：需要立即處理的是A

級文件；可以稍後處理的是B級文件；留待日後有空閱讀的是C級文件（參考第188頁）。整理刊物時，可以將它們區分為必讀和可讀，並分別保存。為了不影響工作效率，應該丟棄實用性不強的刊物。

4.定期整理辦公用品以及個人物品：為了保持辦公室的整齊有序，必須每隔一段時間整理，讓物品放在固定位置上。比方說，將紙夾、訂書機、剪刀等物品放在觸手可及的地方，以便隨時取用，並果斷丟棄沒在用的東西。

圖13　保持桌面整潔的5個重點

用 5 個重點，整理辦公桌
1. 優先考慮是否方便取用
2. 管理待辦文件
3. 定期整理文件
4. 定期整理辦公用品、個人物品
5. 合理使用垃圾桶

5.合理使用垃圾桶：及時清理辦公室的廢紙，讓桌面整齊乾淨。在挑選垃圾桶時，要選擇夠大且方便傾倒的款式。垃圾桶應擺放在可隨手丟棄的位置，如桌子旁。雖然將它放在門後看起來雅觀，卻不方便使用。若將它放置在距離桌子較遠的地方，會讓人覺得麻煩而造成文件堆積，對辦公室的整體形象不利。

用三個原則，解決櫃子不夠用的困境

當櫃子不夠用時，可以採用以下三個原則來管理（見圖14）：

1.三份原則（瘦身計畫）：在整理不斷增加的文件夾時，確保每次都淘汰三份已過時的資料。

2.替換原則：每當放入一份新資料至文件夾時，立刻淘汰一份過期的資料，確保文件總數不變。

▶▶ 圖14　當櫃子不夠，以3個原則整理資料

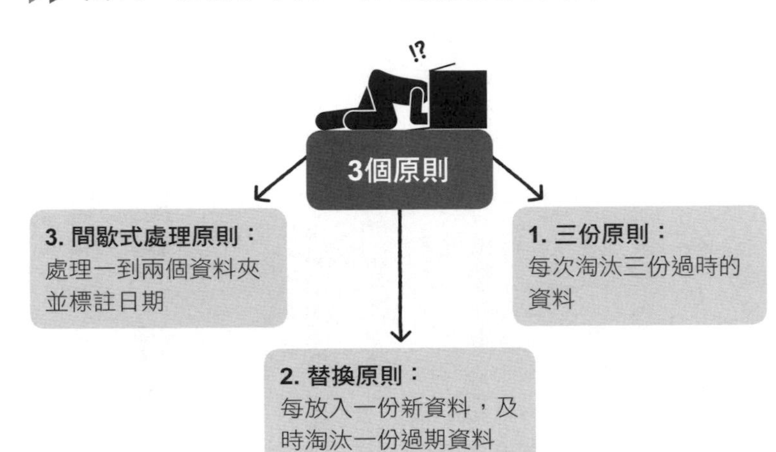

3. 間歇式處理原則：每天下班前，處理一到兩個文件夾，並標註處理日期及有效期限。

堆積在辦公桌的東西主要是文件，將文件妥當地整理後，辦公桌會顯得乾淨且井然有序。我們整理好自己的辦公桌，可以確保做事的高效性和條理性。

【專注原理】一次只處理一件事，反而更省時

一心多用是讓我們無法專心做好一件事的罪魁禍首。它既不能替我們節省時間，還有可能讓我們養成容易分心的壞習慣。

「小悅有同時做幾件事的習慣。她很喜歡自己同時做幾件事時有如超人般的感覺。

每次打開電腦後，小悅的流程幾乎一成不變：打開信箱、查看訊息、逛逛網站、瀏覽電影預告片，最後才開始邊聽音樂邊做事。

據小悅說，她的中學時代也是這樣過來的。當時作業很多、課業繁重，其他同學都是在安靜的環境下一心一意完成，小悅則要聽著音樂才做

得下去。發展到最後，她竟然要開著收音機讓自己入睡。到現在，她乾脆將電腦設定自動關機，在臨睡前打開音樂，沉浸在悠揚的音樂聲中。當她進入夢鄉時，恰好是電腦關機的時間。

也許外人會認為，小悅的生活多彩多姿，但事實並非如此。在她的生活中，工作始終無法成為重心，遊戲、音樂、聊天、跳舞、瑜伽等雜七雜八的事堆滿了她的日程表，而留給工作的時間卻總是很緊繃。

長期以來，雖然小悅看起來做了各式各樣的事，但是每一件的效率都不高。

心急吃不了熱豆腐

無論在工作還是生活中，一步登天的想法都是不切實際的。當我們用全部的精力去做一件事，並積極爭取成功時，反而不會有筋疲力盡的感覺。這時千萬不要在其他的事情或需求上分心，否則會影響正在進行的事。

同時展開幾件事、想要急功近利的做法不值得讚賞。當我們將主要的精力集中於某一件事時，會減輕壓力，克制原本做事毛躁、冒失的毛病，思路也變得更清晰且有條理。

回想一下，當我們在中藥行領藥時，會看見每位醫生的做法都一樣：每次只拉開一格小抽屜，從抽屜裡取出定量的藥材後，再將抽屜推回去。從來沒有看過哪一位老中醫，將所有需要的藥材抽屜都拉開，再一一取藥。拉開一格抽屜時，就將所有精力都放在眼前的藥材上，一旦將抽屜推回去，就表示該藥品已經取過，之後不用再去顧慮它。

從上述例子便能看出，**明確自己在每個任務中的責任與極限是一件十分重要的事情，它能讓我們避免因為筋疲力盡而失去控制，造成工作效率、健康和快樂的浪費。**

同時做許多事反而得不償失

當我們靜下心、心無旁騖地做一件事情，才能將它做得盡善盡美。一味好高騖遠、同時處理許多事，或是在思考一件事的同時，對另一件事念念不忘，結果兩件事都將做得一塌糊塗。俗話說「魚與熊掌不可兼得」，無論在工作還是生活中，我們只能專注做好一件事，要在兩件事情中選擇其一。

古今中外，凡有所成就的人都是將精力集中在一件事情上。專心致志地投入，是他們取得高效率的主要因素。

比利時偵探小說家喬治・西默農（Georges Simenon）在創作時，總是設法與外界環境隔離，既不見客人也不接電話，甚至連報紙和信件都不翻閱。這種常人難以理解、無法做到的工作方式，讓西默農能在同樣的時間內，完成比別人多十倍的工作量。從這個角度來看，西默農之所以成功，並不是因為他有多高的天賦，而是因為善於利用時間，比別人更專注而已。

在時間管理的原則中，專心致志是最重要的一項。那些幻想在同一時間完成多項事務的人，大部分都在時間管理上有嚴重的失誤，**無論是多麼重要的事，都必須按照合理的順序有條不紊地執行，才能獲得成功**（見圖15）。

成功者一次只專注一件事

一次只解決一件事會更節約時間。以定期檢查電子郵件來說，當我們集中精力處理時，可以提高回覆郵件的速度。成功人士普遍認為：**每次只做一件事，更容易集中精力，反而更快完成**。

如果我們在打電話時，一邊閱讀、一邊寫郵件，就得花更長的時間集中注意力。這時候，電話另一端的人往往會察覺，我們在說話的同時，還忙著處理其他的事情。

讓我們看看，堅持一次只做一件事的成功者平常都是怎麼做：

- 為了有足夠的時間工作，盡可能排除外界干擾。

- 若干擾我們的那件事優先順序很高，應該將它添加到任務清單中。

當我們堅持只做一件事情時，要選擇最重要的一項，其他的則擱置在旁邊。做得少的同時，要做到最好，才能獲得成功。

一個人的精力有限，必須根據事情的輕重緩急，合理安排完成期限，並依照這個先後順序逐步完成。千萬不能忽而挖地、忽而放牛，如果連自己都摸不清方向，就無法保障做事的效率。

當一個人以一〇〇％的精力處理一

圖15　想專注做事情，你可以這麼做

- 確認自己在任務中的責任
- 心無旁騖地只做一件事
- 盡可能排除外界干擾
- 受干擾的事很重要或需優先處理時，添加到任務清單中做合理安排

件事情時，他面對的就是全世界，他付出的努力會顯得極為重要，而當他圍繞著全世界運轉時，其付出會顯得微乎其微。從這方面來說，我們專注做好一件重要的事，意義十分重大。

【30秒電梯法則】不管事情多麼複雜，都歸納為3重點

麥肯錫公司曾經為一個重要的大客戶提供諮詢服務。就在諮詢即將結束時，專案負責人在電梯間偶遇客戶公司的董事長，董事長要求該負責人為自己簡單說明結果。

由於該負責人沒做好準備，導致在電梯運行的短時間內，無法向對方好好說明，最後流失一位重要客戶（見第104頁圖16）。

事情歸納成3個重點，不讓機會流失

在這次失利後，麥肯錫公司增加一條新規定：所有員工必須具有在最短時間

內，向客戶闡述結果的能力，並在闡述的過程中直指主題與結果。後來，這一項規定發展為商界廣為流傳的「30秒電梯原理」。

麥肯錫認為，人們通常能記住一件事情的三個重點，但是很難記住更多其他的資訊，所以有必要將事情歸納在三個事項之內。

我們所有的工作，究其根本就是透過不同的手段解決問題，達到既定目標。在這個過程中，如何選擇好的方法顯得格外重要。

而且，管理的目的在於透過正確的方法，運用最少的時間與資源來實現既

▶▶ 圖16　突然被要求說明會議結果

定目標，使我們在與別人的競爭中佔據有利的地位。

麥肯錫在實務過程中，累積了不同企業的工作方法，這些方法即使在資訊爆炸的今天，依然對我們的職涯生活深具參考價值（見第106頁圖17）。

1. **透過制定計畫，找出關鍵因素：**在面對繁雜的事情時，**首先要花半個小時，記錄當天要完成的事情**。企業的發展受到眾多因素影響，當我們無法兼顧時，要優先思考如何抓住其中最關鍵的驅動因素。

2. **不要試圖承擔額外責任：**在執行任務的過程中，難免會出現各式各樣不相關的外來事務，影響我們正常工作。如果我們顧慮面子問題而接受那些事務，就會出現越來越多需要處理的事，最終造成效率下彰。

3. **掌握專注力的週期，安排工作：**無論是在工作還是生活中，一個人的專注力總是有曲線變化。有些人在早晨專注力好、精力旺盛，有些人在黃昏時專注力處於高峰的人。所以，要把握自己的專注力變化，適當調整和安排工作，就能充分發揮自我潛能，並且避免過度勞累。

高效能的員工同時也是解決問題的高手，透過學習和掌握一些有用的方法，將事情做得更好。麥肯錫解決諾貝爾獎獎金的問題，就是一個經典案例。

備受大家關注的諾貝爾獎，每年發布的五個獎項都高達五百萬美元，那麼諾貝爾基金會的基金到底有多少錢呢？其實，除了諾貝爾本人當年的捐獻之外，基金會投資有方才是能順利支付高額獎金的關鍵。

成立於一八九六年的諾貝爾基金，主要用於獎勵對社會和科技發展具有重大貢獻的人。基金會成立之初，經費是諾貝爾捐獻的九百八十萬美元，其投資範圍明確

圖17　用最少時間實現目標的3個方法

方法	做法
制定計畫	記錄當天要完成的事
不承擔額外責任	拒絕份外工作，不因顧慮面子而接受
掌握專注力週期	瞭解自己的專注力週期，適當調整工作

限定在銀行存款、公債等安全且收益固定的項目，不允許用於股票、房地產等來源不穩、風險較大的項目。

這確實是一種很穩妥的方法，盡可能避免基金的損失，但在持續五十年的低投資報酬、獎金的發放和基金會的開銷之後，到了一九五三年，基金會的資產僅剩三百多萬美元，流失了將近三分之二。

面對越來越少的資產，諾貝爾基金會的理事們為了避免坐吃山空，請麥肯錫公司規劃解決方案，以應對不利的局面。

麥肯錫公司組織人手，對基金會的管理進行研究，提出了「提高投資報酬率有利於財富積累」的建議。於是，諾貝爾基金會在一九五三年修改管理章程，將原本用於銀行儲蓄和公債的資金，投入股票和房地產。

在新的理財觀念指引下，諾貝爾基金會的命運扭轉，不但能照發高額獎金、維持基金會運轉，到了二〇〇五年，總資產甚至增長到五億美元之多。

從30秒電梯原理可以看出，麥肯錫公司追求的是「效能」，這個重點值得我們正視，並在工作與生活中努力提升。

學猶太人看待時間的方式

最能抓住30秒電梯原理的是猶太人。猶太人與客戶的面談不僅會約定時間，還會規定時段。舉例來說，如果猶太人與客戶面談的時間是上午九點到九點二十分，那麼只要九點二十分一到，無論商談、交涉進行到什麼程度，猶太人都會立即結束。

因此，猶太人在商務會談時，通常寒暄一兩句之後，立即進入主題。其他毫無意義且沒有必要的寒暄，被認為是浪費雙方的時間和生命。

猶太人極端重視時間，以及認真處理時間問題的態度，印證了中國俗語：「好鋼用在刀刃上。」

在猶太人看來，時間和金錢同等重要，是任何一項交易不可或缺的條件，更是達成經營目的的必備條件。猶太人在與客戶簽訂合約時，會確實地評估自己的交貨能力，只有當產品的品質、數量和交貨日期都能滿足客戶的要求時，他們才會簽訂合約。

猶太人以賺錢的態度對待時間，讓每一分鐘都得到充分且合理的運用，他們從來不會白白浪費時間而錯過商機。

重點整理

- 「簡單原理」：先從最有把握的工作開始，就能以必勝的心態付諸行動。建立安全感的3個重點是認識自我、確立目標、提高工作興趣。
- 「帕雷托法則」：工作中必須明確目標、抓住重點、懂得取捨，並將八〇%的精力集中在最重要的事情上。若集中精力，就可以只花二〇%的時間，獲得八〇%的回報。
- 「四象限原理」：運用四象限釐清事情的輕重緩急，再優先處理第二象限中的任務，才能擁有高效的做事能力。
- 決定一個人成功與否的關鍵在工作的八小時之外，所以工作之餘，要善用每一天的時間來提升自我。
- 「有序原理」：為了提升工作效率，桌面必須整潔，絕對不能在尋找東西上花費過多的時間。我們可以運用5個重點、3個原則，整理堆積如山的文件和物品。

- 「專注原理」：工作前，先瞭解自己的責任和極限，再專注且有條不紊地處理一件事，避免為其他事情分心。
- 「30秒電梯法則」：將複雜的事歸納為3個重點，有助於記憶，而且不會讓機會流失
- 麥肯錫教我們用最少時間實現目標的3個方法：制定計畫、不承擔額外責任、掌握專注力週期。

Note 我的時間筆記

第 3 章

麥肯錫如何制定時間計畫？

【倒推原理】從完成期限倒推，規劃每步驟的時間

大象是如何被吃掉的？這並非腦筋急轉彎，因為答案只有一個：一口一口吃完。當我們被指派一項重要且無法在短時間內完成的工作時，必須制定合理的計畫，以逐步分解這項工作。

制定計畫是工作者的必要技能

一個合理、有邏輯的計畫有兩大好處（見圖18）：

1. 可以說明並把握工作的整體進度與節奏，盡可能確保執行得盡善盡美，實

現時間管理的高效能、高效率。

2.可以幫助養成良好的習慣。心理學研究指出，連續二十一天的規律能使人擁有一項新的習慣。在前三週嚴格按照計畫行事，便能將這個習慣延續到一學期、一年，甚至一生。

如果理解計畫的重要性，就會明白一個合理的工作計畫是不可或缺的。在麥肯錫公司，顧問啟動一個諮詢專案前，都必須制定計畫，因為一個欠缺計畫的專案不可能會成功。所以，**花費必要的時間和心思制定合理的計畫，是麥肯錫的重要規則之一**。

圖18　制定計畫的2大好處

有邏輯的計畫能大量節約工作進程所花費的時間，這一點已在麥肯錫被無數的實踐案例所證實。

很多人沒有事前制定計畫的習慣，也不認同它的重要性。這往往是因為他們認為制定計畫很耗費時間，即使制定出看似完美的計畫，但在實際執行的過程中，常常會有突發事件打亂計畫。

對此，麥肯錫抱持相反的意見。在全世界的任何一個職場裡，制定計畫都需要花費時間，而且經常在執行過程中不斷調整和修改，以應對各種突發事件，但計畫的重要性絕對無法抹殺。

一個合理的計畫並非只是寫出來就好，而是要經過各方面的思考、交流、抉擇與碰撞，才稱得上是合格。經過這個過程制定出的計畫，能大幅節省後期工作中溝通意見所花費的時間。

另外，根據工作的變化調整計畫，實際上也是培養靈活性和激發潛能的絕佳機會，我們不該因為計畫會被打亂而徹底捨棄。畢竟，行動沒有計畫的指導，就會像無頭蒼蠅一樣找不到方向，最終必定會失敗。

用四步驟，擬定合理的計畫

一個合理的計畫基本上是透過四個步驟完成（見第120頁圖19）：

1. 列出為了完成工作而需要做的所有事情。
2. 將這些事情排定順序。這個順序可以是依據進度或是輕重緩急。
3. 在每件事情的後面，列出所需要的資源，包括工具、方法、資料、關鍵人物等。
4. 最後，為每件事情安排適當的完成期限。要考慮哪些事情需要單獨處理、哪些事情可以同時進行，來統籌安排時間。

在這個基礎上制定的計畫，根據時間的長度，分為「長期計畫」和「短期計畫」。我們可以根據工作的實際情況，選擇要同時制定長期和短期計畫，還是只制定一個。

一般來說，將工作的進行程序具體規劃到每天、每週、每月、每年，就能制定出日計畫、週計畫、月計畫和年計畫。

長期計畫，例如年計畫，著重於對任務的長遠規劃；短期計畫，例如日計畫，強調具體指導、處理當下的工作。一個計畫越周全具體，越有利於執行。

所以，當我們能合理制定短期計畫乃至長期計畫時，便能輕鬆判斷各類工作對自己的實際影響，進而研擬具體的解決方式。

圖19　擬定合理的計畫有4個步驟

1. 列出需要做的所有事情
2. 依照進度或優先順序來排序
3. 列出所需資源，包括工具、方法、資料、關鍵人物等
4. 安排合理的時間期限

用倒推法，規劃每步驟的時間

對於制定長期計畫和短期計畫，麥肯錫推薦使用「倒推法」。**倒推法顧名思義就是，從工作的最後期限往前推，合理評估每個步驟需要花費的時間，一直推到當前的時間，再制定完整的計畫**（見第123頁圖20）。

對大多數人來說，最後期限非常重要。有時，即使老闆沒有規定具體期限，我們也應該自己決定。實際上，大部分的人都是在有壓力的情況下，才能發揮潛能，而且適當的壓力也能讓自己幹勁十足。

相反地，如果我們不能擬定最後期限，只是憑著模糊的想法去執行，那麼工作往往無法落實。但假如我們擬定的最後期限過於寬鬆，就缺乏實際效用。

根據帕金森定理（Parkinson's law），人總會將工作時間不斷延長，直到填滿整個期限為止。所以，如果我們給自己定了三個月的期限，通常就會忙上三個月。但假如我們只給自己一個月的時間，實際上真的能在一個月內完成。

因此，麥肯錫建議，人們在開始工作前，可以鄭重地擬定一個最後期限。而且，最好是讓相關人員知道這個期限，因為這會在無形中製造更大的壓力和動力，幫助自己提升時間管理的能力。

完美的計畫需要具備四要素

在麥肯錫，不管是長期還是短期計畫，一個有效果的計畫需要具備以下四個要素：

1. 有原則和可預見性：合理的計畫是高效工作的第一步。要優先確認自己制定的計畫是否有原則，而且要設想工作過程中可能面臨的各類狀況，所以好的計畫也會具備可預見性。

2. 實際可行性：一個有效果的計畫並非單憑想像就寫得出來。制定計畫是為了確實完成某項工作，所以應該在綜合衡量各方面的情況後，再制定可實際操作的計畫，否則只會浪費時間。

3. 具靈活性：制定計畫是為了掌握整體工作的程序，因此需要一定的原則來指導各方面的人力、物力資源。但是，好的計畫絕不是死板的，而是具備靈活性，能夠因應各種意外狀況隨時調整，使整體的行動與計畫更加切實可行。

4. 相關人員意見統一：特別是計畫的最初制定者和實際執行者，基本上應該保持一致。否則，計畫會偏離實際情況，無法在執行面發揮引導作用。如此一來，計畫就失去原本的意義。

圖20　短期與長期計畫，都這樣從期限倒推

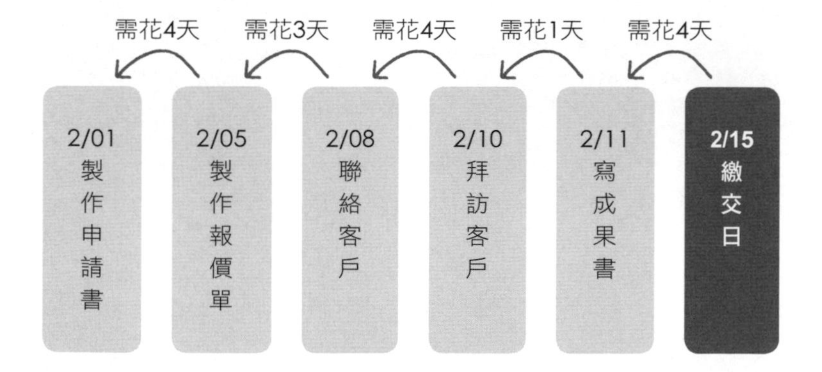

無論如何，對於整個計畫的制定、實施及調整的過程，麥肯錫一直向員工強調最重要的一點——方向。能明確掌握人生規畫的人，在制定各項長期、短期計畫時，都會與大方向一致。同樣的道理，確實掌握方向與目標，才不會在計畫的實行過程中走偏，甚至出現迷茫、做白工、反覆兜圈子的現象。

【5W2H原則】依據7要素，具體擬定計畫內容

麥肯錫對工作計畫的要求不只是「必須做」，還要「做到好」。所謂的好，是強調計畫的可操作性，而非形式上的華麗。所以，麥肯錫要求顧問，在制定一項計畫之前，必須依循5W2H原則，廣泛且周密地進行分析與判斷。如此一來，計畫才會靈活、有原則、可操作。

用5W2H原則提問，提前解決五成任務

5W2H原則又稱作「七何分析法」，起源於第二次世界大戰，由美國陸軍兵器修理部所發明。根據這項原則，我們在決策、計劃、行動之前，要透過七個問

題進行全面思考，以避免出現遺漏。這七個問題就像是寫記敘文要求的七個必備要素，包括：Why、What、When、Where、Who、How、How much。

5W2H原則被廣泛運用於各類企業、政府部門的管理和決策層面，特別是用在擬定計畫之前。以制定一項計畫為例，5W2H原則的主要內容如下：

- **Why（為什麼要做？）**：即制定計畫的原因為何。唯有找到計畫的目的，才能針對目的制定計畫，並且評估任務的可行性。我們找到制定計畫的目的和意義之後，在後期的實行過程中，更可以激發執行者的動力。
- **What（任務的內容和達成的目標是什麼？）**：即任務的具體內容和想要達到的效果。在找到任務內容與目標之後，將制定計畫的過程中可利用的資料都考量進去，同時摒除不必要的干擾，便能確保計畫更簡潔、邏輯更清晰。
- **When（在什麼時段進行？）**：即初步確定任務的開始時間、完成時間、中間重要步驟的階段。這是為了控制整體任務的節奏，並評估各項資源。

- **Where（任務地點在哪裡？）**：即展開地點和實施場所，預估完成任務所需的環境、條件等，以便安排合適的空間。
- **Who（哪些人員參加任務／由誰負責？）**：即確定任務的負責人、團隊成員。有時，一項較長期、重大的任務需要涵蓋多個階段或是多個部門的合作。因此，我們可以根據任務的不同階段，寫出各階段的負責人、具體執行者。另外，整個程序的必要合作人與最終審核人，都應列在計畫中。
- **How（用什麼方法進行？）**：即完成任務需要使用的方法、步驟。
- **How much（需要多少成本？）**：據此綜合評估必要的政策、現有資源、人力、成本等。

制定一項計畫前，必須綜合評量各個方面，特別是當計畫制定者和實際執行者不一樣時。如果不考慮各方面的實際因素，只是將腦中的構思呈現出來，後期的執行將會困難重重，最終導致任務失敗。若計畫執行不力，不能一味歸咎於執行者，應優先思考計畫的可行性。

因此，**麥肯錫建議在制定計畫前多提出問題**。有時，提出一個好問題並深入思考，就能提前得出合理的答案，於是任務幾乎解決了一半。值得注意的是，我們提出的問題也很重要，好的問題能引發有效思考，不好的問題則會使人無法專注。

所以，在行動前依照5W2H原則提問較為可靠。而且，越刨根問底、抓住關鍵問題不放，越有可能發現新亮點，進而提升整體效率和品質。

接下來，以一家公司為例，借鑑麥肯錫制定計畫的思路，具體應用5W2H原則。這家公司從事大型工程機械產品的研發製造，致力於不斷發明與創新，推出符合市場需求的產品。在制定下個年度的生產計畫之前，研發部門先進行以下的評估與確認。

1 評估產品的性能

依照5W2H原則，分析如下（見第130頁圖21）：

- **Why（為什麼）**：當時為什麼開發此產品？現在為什麼想改進？當時為什麼採用某個重要參數？為什麼選擇這種外形？
- **What（做什麼）**：此產品的主要功能是什麼？現在重新評估的目的是什麼？想要達成什麼效果？
- **When（什麼時間）**：此產品在什麼時間、什麼市場形勢下推出？現在又是什麼樣的時間與市場形勢？熱銷持續多長？何時出現熱銷高峰？何時銷量趨緩？
- **Where（什麼地點）**：此產品在哪裡使用？在哪裡生產最節約成本？客戶習慣在哪裡購買？何處銷量最高？哪座城市的銷量開始大幅降低？還可以在哪些地方開拓銷售管道？
- **Who（什麼人）**：誰會購買此產品？誰最瞭解此產品的優缺點？誰最瞭解銷售情況？誰最能從此產品的熱銷中受益？從研發、生產、銷售到使用的過程中，誰一直被忽略？
- **How（如何）**：如何降低成本、改善性能？如何提高銷量、降低產品庫

▶▶ 圖21　按照5W2H，全方位評估產品製作

存？

● **How much（多少）：**性能參數是多少？成本、總銷量是多少？產品有多高、多重？

2 評估產品的優缺點

在用5W2H原則分析此產品的各方面之後，研發部門根據投入市場以來的銷量、性能、用戶體驗、問題等，進行全面整理，並從中發現產品的性能、銷售策略等有待改善或值得稱讚之處。

3 確定新產品的參數

在原產品的基礎上，保留和加強優點，改正和補足缺點，初步確定新一代產品的主要參數。

從上述的評估與確認，我們可以瞭解如何具體利用5W2H原則分析問題。這這樣的方式既不會遺漏重要因素，還能確保管理的精細化與嚴謹性。

這種思維方式不僅能用來制定工作計畫，還可以運用到企業管理的各個方面，甚至是日常生活中。如果我們可以養成用5W2H原則思考的習慣，做任何事都能避免草率或盲目行事。

【進度控管技巧】管理個人任務與生活作息

在工作上，制定一個合理計畫很重要，但按照計畫的各項內容和時間，有品質地完成任務更是不可或缺。畢竟，一個計畫制定得再完美、再精密，若無法完成也只是紙上談兵。

因此，在麥肯錫的專案進程中，專案負責人會隨時關注整體進度，有時是個別詢問，有時是以會議的形式集體交流，以便及時瞭解團隊中各個成員的進展，以及有沒有遇到困難等。

不管是用哪一種形式關注，負責人都有監督的作用。因為每個人在適度的壓力下，都會發揮最大的潛能。特別是在推動需要多方合作才能完成的專案時，必須及時關切各個成員的情況。當每個人的進度都保持在正常狀態，整個專案的結果才能與最初的計畫一致。而且，透過關注每個人的進度，負責人可以對照計畫及時發現問題，並立刻解決問題，避免累積到最後無法收拾。

麥肯錫為了幫助工作者按照計畫完成各階段的工作，推薦使用個人專案進度表、個人作息時間表，來進行自我時間管理（見圖22、23）。

個人專案進度表

麥肯錫建議工作者，在確定個人的任務計畫之後，儘快執行並持續跟進計畫。一般來說，麥肯錫顧問會採用四個方法提高執行力：

圖22　用個人專案進度表，進行時間管理

工作項目	開始時間	進度	結束時間	花費時間
製作報價單	10:00	0 10 20 30 40 50 60 70 80 90 100% ←→（0–30）	10:50	50min
製作專案資料	11:00	0 10 20 30 40 50 60 70 80 90 100% ←→（0–20）	12:00	60min
調查客戶資料	13:00	0 10 20 30 40 50 60 70 80 90 100% ←→（30–50）	13:30	30min
寫會議報告書	14:30	0 10 20 30 40 50 60 70 80 90 100% ←→（70–100）	16:00	90min
製作提案書	16:10	0 10 20 30 40 50 60 70 80 90 100% ←→（50–80）	17:50	100min

圖23　檢視專案進度，適時調整修正

預計花費30分鐘完成，實際卻要50分鐘。
下次擬定計畫時，要多分配時間給此項目

工作項目	開始時間	進度	結束時間	花費時間
製作報價單	10:00	0 10 20 30 40 50 60 70 80 90 100%	10:50	50min
製作專案資料	11:00	0 10 20 30 40 50 60 70 80 90 100%	12:00	60min
調查客戶資料	13:00	0 10 20 30 40 50 60 70 80 90 100%	13:30	30min
寫會議報告書	14:30	0 10 20 30 40 50 60 70 80 90 100%	16:00	90min
製作提案書	16:10	0 10 20 30 40 50 60 70 80 90 100%	17:50	100min

對於比較耗時的任務，可以分割成小項目來完成

- 根據任務的計畫，每天列出需要在當天進行的工作項目。如果遲遲不想行動，就從最容易、費時最短的項目開始。
- 根據心理學常識，人們對於一個新任務的熱度能持續五分鐘以上。所以，在展開工作之前先定下五分鐘的計畫，完成後可以獎勵自己一杯熱咖啡。
- 如果對於比較耗時、花心思的大任務總是心存抗拒，就把它大卸八塊，分解成一個個小項目，小到自己願意開始行動。
- 記錄每個工作項任務的開始時間與完成時間，並和最初的計畫相互比對，就能看出之前擬定的計畫是否務實。下次再制定計畫時，應該參照實際完成時間而非理想時間。

個人作息時間表

在確保工作進度順利的情況下，麥肯錫員工的個人作息時間表是非常自由的，因為麥肯錫認為，適當的休息是高效時間管理的必備條件。因此，**每個人都**

可以根據自己的情況制定作息時間表，將用餐、工作、休息、娛樂的時間都安排妥當。

很多人在制定時間表時，會將工作排得過於緊湊，而且認為休息、娛樂根本不需要列入時間表。但是，麥肯錫堅持要員工製作一份完整的作息表，因為人不是機器，需要適當的休息和娛樂。如果工作安排得過於緊繃，不重視休息，那麼計畫表永遠無法落實。人們會因為疲勞、乏味而對緊張的工作失去耐心，於是在茶水間與同事閒聊，不想回到工作中。

所以，與其被動休息，不如主動將休閒和娛樂的時間安排在作息表中。如此一來，當身體因為工作或壓力而感到疲勞時，會想到可以在休息時間放鬆，而堅持完成既定工作。

企業可以善用上述兩種表格，借鑑這套管理原則，監督團隊成員的工作進度，掌控整體計畫，讓員工能依照既定計畫完成各自的進度。工作者也可以借鑑這些方法，幫助自己按照計畫完成各階段的工作，進而達成任務。

治好拖延症的方法是「監督」

還記得拖延症的基本症狀嗎？原本應該一個月完成的任務，由於沒有他人的監督，最後陷入失控的狀態。那麼，怎樣能讓拖延症患者開始行動呢？答案就是監督。

所以，我們應該進行自我監督，控制計畫的各個時間點，並在不斷總結和改進中，將計畫變成現實。以下介紹具體方法：

隨時提醒自己莫忘計畫

雖然一個人不可能徹底把重要計畫忘得一乾二淨，但很多時候即使腦中想著計畫，仍無法付諸行動。所以，我們要不斷提醒自己：「今天有一件非做不可的事，需要儘快行動。」

很多人總是在制定計畫時熱情滿滿，在執行的第一天鬥志昂揚，第二天勉強完成，從第三天開始就被其他的事情耽擱。一週後，這個計畫便不了了之。所以，每天不間斷的提醒，是為了給自己足夠的動力和壓力，去完成這件事並堅持到最後。

很多人會將計畫寫在便條紙上，貼在電腦或鏡子等醒目的位置，來提醒自己不要忘記。這種做法在前一、兩天管用，但時間一長就會沒效果，最好還是與實際的鼓勵或懲罰緊密地連接在一起。

公開各個階段的計畫和進度

即使我們儘快開始行動，過程中還是需要不斷監督自己，以便堅持下去。最好的辦法就是公開整體計畫和當前的進度，及時跟主管、同事或是關心此任務的相關人員彙報進度，因為他們的關注對自己是一種有力的監督。

及時總結、不斷調整

來自他人或外界的監督有著一定的效果，但最好的監督還是源於自身的動力，而這種動力只有不斷總結或調整當前的進展才能產生。在自己開始行動後，每個階段都應該進行實際的總結和反思，看看自己在這個階段做了哪些工作？具體成效如何？與計畫之間存在哪些偏差？應該如何解決這些偏差？

如果可以每天進行總結當然是最好，畢竟這是為了梳理自己的思路，並趁早發現和解決問題，因此「真實」是唯一的要求。當我們將真實情況寫下來，即使只是流水帳，也能從中發現當前進度與最初計畫之間的差異。如果我們沿著差異深入分析，就會發現改善方法或調整計畫的最佳思路。

計畫靈活、有彈性，才能稱得上完美

假如你的工作狀態一直維持高效，方法也沒有明顯錯誤，但是制定的計畫總是無法落實，原因或許出在分配任務的時間。任務與時間的分配共有以下三種情況：

1. 兩者相等：在既定時間內完成既定任務。

2. 任務大於時間：在既定時間內，無論如何都不可能完成任務。例如一週內讀完二十本書，這種貪心的計畫往往會變成空想。

3. 時間大於任務：任務在既定時間內提前完成，自己還有多餘的時間做任務之外的事。

乍看之下，第一種情況似乎是最佳計畫，因為它恰好把握完成的時間點，呈現不疾不徐的平穩狀態。但實際上，這種情況永遠不可能實現，因為計畫和執行者的實際狀態不可能恰好達成平衡。

時間期限是個僅供參考的工具，不應該成為將人套牢的枷鎖。**工作狀態良好的人永遠都應該保持靈活、有彈性、有巨大潛能，所以最好的計畫應該是第三種。**

為了確保計畫落實，控制各個時間點，我們可以統計出吃飯、睡覺等生理需求之外的時間，再根據這些時間合理安排工作計畫與任務。

如果每小時只能閱讀二十頁書籍，就不要跟每週能讀完三本書的人相比，因為**計畫是為了自己，而不是別人**。當我們大膽地把休息和娛樂列在自己的每日清單中，並且能夠駕馭計畫，而不是被計畫拖累時，才能真正體會到麥肯錫時間計畫的精妙之處。

【WBS結構】避免重複和遺漏，將任務逐級分解

工作分解結構（Work Breakdown Structure，簡稱WBS）是在二十世紀由美國國防部首創，後來大量應用於全世界的專案管理中。其中，「工作」是指具有一定目標、需要克服某些困難、得付出一定體力或腦力才能完成的事；「分解」是指將此工作層層解構、分離；「結構」則是將各類環節以有序的方式進行組織排列。

由此可知，WBS的主要功效就是由專案負責人根據最終目標，確立一個可交付成果，並將這個成果逐級分解，同時建立一個合理的組織結構。每分解一層，代表任務步驟更進一步被細分。一般情況下，成果要分解到工作細目為止。

麥肯錫經常運用WBS，針對大型任務進行合理、細緻且明確的規劃，在整個

執行過程中，對專案團隊和各項任務進行高效管理。一般來說，麥肯錫採用以下四個步驟分解任務：「明確任務目標→確定任務可交付成果→將完成此目標所需的全部工作都涵蓋在內→將可交付成果進行逐級分解」（見圖24）。

WBS對於專案管理具有以下重要作用：

- 將複雜的任務進行規劃和設計，使整個任務過程簡單明瞭，幫助執行團隊精確地設定目標，進行專案管理。
- 將所有工作步驟套用到結構中，

圖24　根據WBS制定計畫，透過4個步驟分解任務

1. 明確任務目標
2. 將完成此目標所需的全部工作都涵蓋在內
3. 確定任務可交付成果
4. 逐級分解可交付成果

確保整個任務的重要工作不會遺漏。

- 清晰呈現各個工作之間的聯繫。
- 將任務進行層級分解之後，可以輕鬆地將每項可交付成果安排給合適的成員或團隊，並協助執行者之間有效溝通，以確保專案能順利分工、合作及協商。
- 標記重要任務的執行階段，可以向主管或客戶說明，以便及時瞭解工作進度。

麥肯錫總結出使用WBS的重要原則：在運用WBS前，首先必須對任務的要求、內容、範圍、要點等，進行細緻的解讀和分析，掌握正確、關鍵的資訊；在運用過程中，需要把握「複雜事情簡單化」的重點，將龐大、複雜的任務分解為小型、易執行的任務；在分解過程中，要結合各方面的實際情況，確定執行者的具體管理任務（參考範例請見第146、147頁圖25、26）。

圖25　用WBS做正確的事，同時控管進度（以樹狀圖顯示）

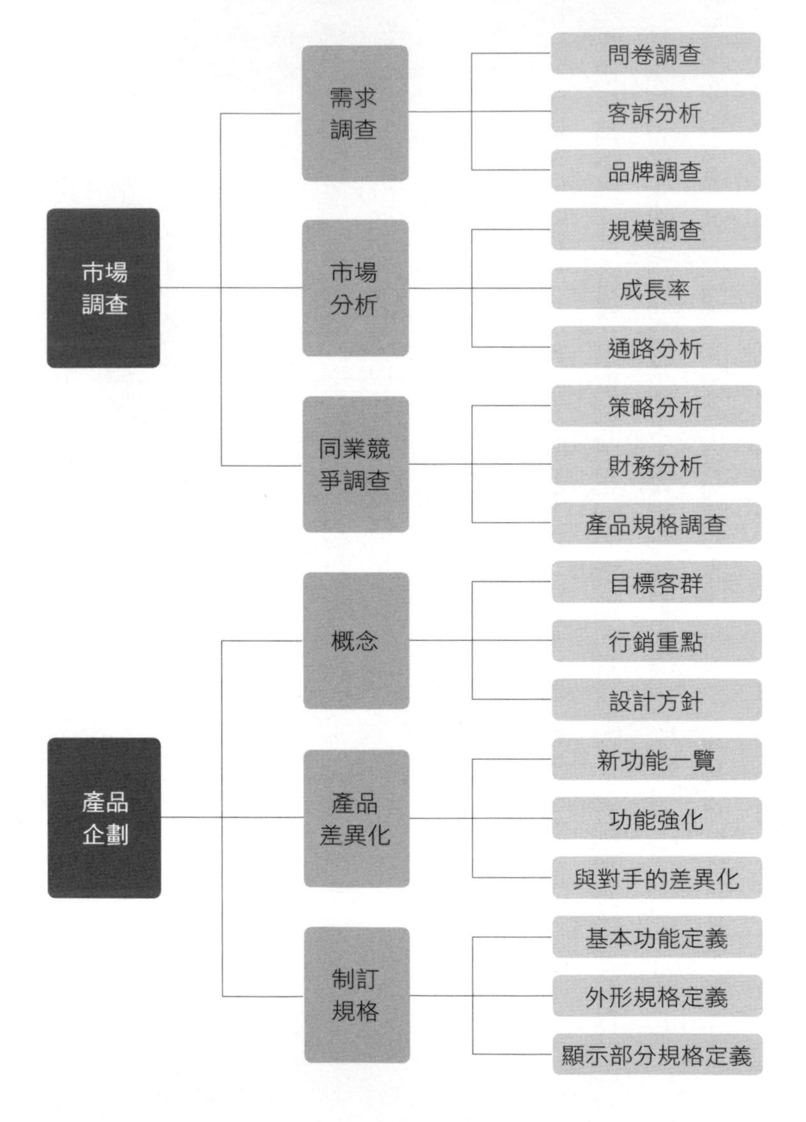

圖26　用WBS做正確的事，同時控管進度（以清單顯示）

市場調查

1. 需求調查
- 1-1 問卷調查
- 1-2 客訴分析
- 1-3 品牌調查

2. 市場分析
- 2-1 規模調查
- 2-2 成長率
- 2-3 通路分析

3. 同業競爭調查
- 3-1 策略分析
- 3-2 財務分析
- 3-3 產品規格調查

產品企劃

1. 概念
- 1-1 目標客群
- 1-2 行銷重點
- 1-3 設計方針

2. 產品差異化
- 2-1 新功能一覽
- 2-2 功能強化
- 2-3 與對手的差異化

3. 制定規格
- 3-1 基本功能定義
- 3-2 外型規格定義
- 3-3 顯示部分規格定義

過於細分的任務，對專案毫無幫助

然而，在運用ＷＢＳ的過程中，經常遇到的困擾是：到底該將任務細分到什麼程度才合理？

麥肯錫結合實際經驗，對此提出以下建議：**一個過於細分的任務對整個專案管理無益，將任務劃分至十個工作日內可完成的小項目，是比較可行的方式。**

透過ＷＢＳ細分後的任務清晰明瞭，可以幫助專案負責人掌控整個進程、管理分項執行者。許多專案負責人以為，使用ＷＢＳ就是將一個大型專案分解為團隊中每個人負責的每件事。對此，麥肯錫認為必要的細分是好的，但如果將工作細分到每個人要做的每件事，並將所有執行者和小項目都記在本子中，每天到各處檢查，則是錯誤的觀念。

實際上，能否成功運用ＷＢＳ，人的因素佔了很大一部分。特別是專案負責人應該把握正確使用ＷＢＳ的原則。

運用ＷＢＳ細分任務，不是為了讓專案負責人在具體工作進程中，拘泥每個小細節，而是為了防止工作出現重複和遺漏。特別是當某項任務較繁重、團隊成員眾多時，過於細分會使專案負責人整日忙碌，卻根本抓不住工作重點，甚至破壞整個計畫。

不當使用WBS會造成以下的隱患：

- **負責人在整個過程中，過度關注細節而非整體：**在團隊成員普遍自覺性較差、需要督促的情況下，微觀管理很有效。但在大部分的專案團隊中，成員都認真負責，因此過於細分的管理不僅無法發揮作用，反而會限制成員的主動性和創造性，導致過於依賴專案負責人。
- **負責人忽視團隊成員的實際成果：**當專案負責人過於關注成員是否按照計畫完成某項任務，並將其作為評價績效的主要標準時，就會忽略成員取得的實際可交付成果。因為當專案負責人過分注重數量時，便難以兼顧品質。
- **過度消耗負責人的精力：**如果成員需要經常向專案負責人彙報細小工作，

就可能會減少彙報具重要意義的工作。對專案負責人來說，每天關切和查核大量的細小工作情況，會導致難以關注整體或重大的任務。假如出現問題，將耽誤整體進度並提高成本。

WBS也可用於日常生活中

實際上，WBS不僅是工作分解結構，還能幫助專案管理，甚至有助於團隊成員做好時間管理。因此，WBS不僅能用於工作中，還可以廣泛運用在日常生活裡。

麥肯錫顧問山姆，曾多次使用WBS進行專案管理，以下是他的經驗與心得：

「在使用WBS管理專案任務前，我所屬的團隊整體工作效率不高。當專案負責人要求我們各自安排任務，結合實際工作情況，提出一個完成期限時，我們大多都是參考同事的作法，提出自己預估的時間。

舉例來說，當我聽到同事說，他將在兩週內完成任務時，我也會估算自己的任務難度，向負責人回報我預估的完成期限。到了截止日，當負責人要我提交任務成果時，我卻沒能完成，而同事的情況也跟我差不多。

後來，我們啟用WBS。剛開始大家都不太瞭解這個結構，只是簡單地將任務分解成各個階段，再往下分解成具體步驟，並分析每個步驟的內容，包含困難點及所需時間，然後將任務交給合適的人處理。那一次，團隊的工作效率大幅提升了。

經過多次實踐後，我從中體會到WBS對時間管理的有效性，因此試著用來管理自己的日常生活。比方說，我以前經常想要健身，但總是很難找出時間，或是才開始幾週就放棄了。後來，我根據WBS的思路，把健身的想法逐級劃分，確定每天早上跑步十分鐘、晚上快走三十分鐘，並安排至每天的行程中，健身這件事就變得輕鬆多了。連續三週後，健身已成為我的日常習慣。

如同山姆用ＷＢＳ實現自己的健身願望一樣，麥肯錫建議大家學習ＷＢＳ，為自己的工作和生活加分。

【PERT技術】掌控步驟和資源，並縮短工時

計畫評核術（Program Evaluation and Review Technique，簡稱PERT技術），最早是由美國軍事部門研發。由於它在縮減專案時程上具有明顯效果，因此被廣泛運用於各種管理層面。

透過PERT技術，可以對專案中的任務進行全面的網絡式分析，並在此基礎上制定與評價計畫。PERT技術能考量完成此項專案需要的所有資源，包含時間、人力、物力、成本等，並將這些資源匹配到合適的環節中，進而掌控整個任務的步驟和資源。在麥肯錫，這項技術經常用於管理大型專案，包括制定計畫、管理進程。

利用PERT技術來管理和分析計畫，有以下的好處：

●可以對專案進行事前計畫和控制。

●讓各級負責人對負責的內容、要求、期限，以及在整個任務中的位置和意義，有全面的理解和掌握。

●負責人可以準確掌握可能出現困難或延誤進度的環節，一開始就將精力投入在這些難點和重點任務上，能有效推動專案的整體進度。

●讓負責人容易覺察可簡化或優化的環節，進而探索更完美的路徑。

我們使用PERT技術時，必須掌握三個關鍵因素：事件、活動、關鍵路線。

事件

所謂事件，是指活動及其結束時間。這是PERT網絡式分析的主要組成部分。當我們確定專案的具體任務和目標時，要先列出專案的每個重要事件及其所需時間，並準確且毫無遺漏地納入網絡中。

活動

所謂活動，是指從一個事件推進到另一個事件的過程，包括必要的各項資源。專案的所有活動都應該以清晰的形式，在PERT網絡中呈現。同時，對活動的要求和規定必須明確，才能保證負責人後期的監督和驗收。

關鍵路線

所謂關鍵路線，是由專案中重要且花費較多時間的關鍵事件來決定，透過對這些事件的分析，將所需的活動按照一定的邏輯排列出來，便組成PERT技術的關鍵路線。要注意的是，這個路線中不允許重複，也就是說，前後活動必須嚴格避免重疊。

除了上述三個關鍵因素之外，PERT技術的另一個特點，在於它的估計時間。在PERT網絡當中，所有活動都要由最熟悉各項活動的成員，估計出三個時間：樂觀時間、悲觀時間、可能時間。讓專案負責人可以瞭解並評估整個專案的不確定性。

PERT網絡圖可以由以下四個步驟來制定：

1. 根據專案的總目標，羅列所需的事件和活動。
2. 將上述事件按照先後順序或邏輯順序排列。
3. 事件以圓圈表示，活動以箭頭表示，並在箭頭上方寫下活動數量，最終得到一張如圖27的圖表。
4. 估算每項活動所需的樂觀時間、悲觀時間及可能時間。在此基礎上，計畫制定者能計算出每個事件的開始與結

▶▶ 圖27　根據PERT，將專案的各項活動畫成網絡圖

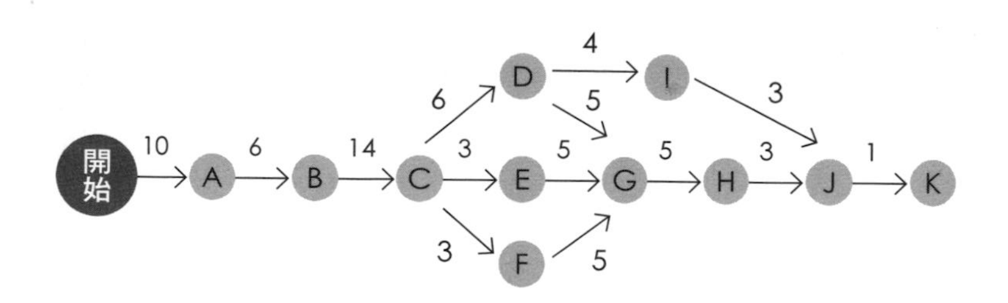

束時間，特別是對於關鍵事件和路線預估出一個合理時間，這對掌握整個專案進度來說很重要。

將PERT技術套用在工程上的效果

以下案例是專案團隊運用PERT技術，來管理某項工程。

運用PERT做專案計畫

施工前，工程師可以依據各個施工單位提供的各項方案、整體目標及預估進度，來制定專案的整體規劃進程。透過這個整體規劃，可以初步確定專案的工期。

之後，工程師將各項方案分解、分類、編碼，再編制到PERT網絡圖中。分解可以盡量詳細，但不必苛求精準和完美，因為在施工過程中，計畫會隨著進度的推進而不斷優化。因此，這個過程不需要在一開始就完全確定。擬定網絡圖之後，就可以開始動工。在後期的施工過程中，還可以再次調整。

運用PERT掌控專案

由於整個過程的任務量龐大，需要匯總眾多資料，並協調許多部門，因此專案負責人得花費大量精力來掌控。具體內容包括以下五個方面：

1. 審查並監督各項工程活動的計畫。工程項目需要各個施工單位、設備單位的參與和協調才能完成。為了有效協調相關單位的進場時間、作業順序，專案負責人需要詳細瞭解他們的計畫，並協調整體進度。
2. 有效分析各項活動所需的資源，及時估算、預測整體數量對於各個施工階段的影響，將負面因素降到最低。
3. 當異常情況出現，而影響各個環節的進度時，負責人應儘快調整後續計畫，才能掌握整體專案進度。
4. 根據PERT技術，核對各個環節與各單位的施工進度，當發現延誤時，及時找出原因，並分析此異常對整體進度的影響，迅速擬定補救措施，把握原定的計畫期限。

5. 確定各個主要階段的完成情況，並製作彙報表，以便讓主管、客戶掌握整體進展。

由於PERT技術能夠全面掌控專案，特別是期限長、任務重、參與者眾多的大型專案。因此，麥肯錫會採用PERT技術，來制定重要專案計畫，並實施時間管理，可以提高團隊的工作效能。

重點整理

- 「倒推原理」：從任務的最後期限往前推，評估和規劃每個步驟的時間，一直推到當前的時間。
- 「5W2H原則」：制定計畫前，遵循5W2H原則進行分析，能有效避免疏漏。我們提出的問題越精準，任務的完成率越高，進而提早解決任務。
- 「進度控管技巧」：制定合理的計畫十分重要，但能否按照計畫完成任務更是不可或缺。因此，必須適當監督工作的進展狀況。
- 自我監督是治療拖延症的好方法，我們要隨時提醒自己莫忘計畫，將計畫和進度公開，並及時總結或調整當前的進展。
- 好的計畫要保持靈活和彈性，切忌不要將工作安排得過於緊湊。
- 麥肯錫採用以下四個步驟分解任務：明確任務目標↓確定任務可交付

成果↓將完成此目標所需的全部工作都涵蓋在內↓將可交付成果進行逐級分解。

- 「WBS結構」：首先，必須解讀任務的關鍵資訊。在運用過程中，要將複雜事情簡單化。當分解任務時，要結合各方面的實際情況。
- 「PERT技術」：可以對專案中的任務進行全面網絡式分析，並且掌控整體步驟和資源。

Note 我的時間筆記

第 4 章

麥肯錫為何只做最重要的事？

找出真正該做的事，再用正確方式去做

現代管理學之父彼得・杜拉克（Peter Drucker）在其著作《杜拉克談高效能的5個習慣》（*The Effective Executive*）中指出：「以正確的方式做事是效率，做正確的事則被稱為效能。」效率和效能是兩個同等重要的概念，唯有同時提高效率和效能，才能獲致成功。**若兩者不能兼顧，應該優先選擇效能，再積極想辦法提高效率。**

要先確保做該做的事，避免徒勞無功

在現實中，人們大都著眼於效率而忽視效能。**其實，最重要的應該是效能，**

即做真正該做的事。彼得・杜拉克直言不諱地指出：「對企業而言，效能才是不可或缺的東西。只有強調效能，才能確保在工作中盡量不做白工。」

效率的重點是用正確的方式做事，而效能的重點則是善用時間。「用正確的方式做事」和「做真正該做的事」，有著本質上的區別。做該做的事是用正確方式做事的先決條件，當無法保障做該做的事情時，正確做事也就失去意義。

不妨想一下，在一個大企業裡，每個員工都井然有序地忙碌著，無論產品的品質，還是工作技術都完全合乎標準，這就是用正確的方式做事。

但如果他們生產的產品是已被淘汰的東西，即使品質再怎麼符合標準，技術水準再怎麼高明，也無法說明他們做的是真正該做的事。因為其先決條件是錯的，結果只是徒勞無功。

既要用正確的方式做事，更要做正確的事，這不但是方法問題，更是理念問題。對一個企業而言，無論在什麼情況下，做正確的事的重要性都遠遠超過用正確的方式做事。

做正確的事取決於企業策略，用來解決企業發展方向的問題，而用正確的方式做事，則是企業發展過程中用來解決工作的方法。在確保所做的事情是正確的前提下，即使做事的方法略有偏頗，也不會影響企業的發展方向，但如果決策方向出現錯誤，無論在執行的過程中做得多麼完美，都不能彌補策略的錯誤，只會在錯誤的道路上越走越遠。

對於現代化企業組織而言，提倡「做正確的事」和「用正確的方法做事」，是兩個截然不同的理念。相對於進取創新、積極做正確的事，用正確的方式做事則是保守和被動。

為了保證高能高效，我們既要確保用正確的方式做事，更要確保做正確的事，尤其要做到以下兩點：

1. 確認什麼是正確的事：工作其實就是解決問題的過程。當一個需要解決的問題擺在我們面前，無論是問題本身還是問題解決方案都已變得一清二楚，我們需要選擇的是，從哪個地方、哪個方向著手解決。所謂正確的工作方法，就是先確認自己面臨的問題是正確且有必要解決，而釐清問題的正確性與如何解決，則是兩個完全不相關的問題。

2. 合理溝通：在現實生活中，合理且及時的溝通有助提高效率。例如，當你手中的任務還沒完成，又被塞了一堆事情時，正確的做法是及時與主管溝通、協調，報告自己的安排，並聆聽主管的指導意見，才能盡可能減輕負擔。

如果你不能與主管保持溝通，會導致對方無法掌握真實情況，而誤以為你明明有足夠的時間，卻沒有完成相對應的工作，於是造成不良影響。

找到該做的事之後，尋找最恰當的做事方法

在西方有「條條大路通羅馬」的說法，在東方則講究「殊途同歸」，其實兩者的意思相同：**達成目標的手段或方法並非只有一種**。我們要保證的是如何用正確的方法來做事，避免出現做白工的狀狀況。

自一九九九年九月起，海爾集團借助網路平臺，逐步構築並完善了現代物流運轉系統。在物流樞紐中心，每台電腦前，都安排一名工作人員蒐集資訊。

同樣守在資訊中心的副總經理詹麗，忽然在電腦發現「哈爾濱工貿公司要求八月八日完工，十一日到貨的一百五十台XQB48-62型洗衣機」的訂單資訊。

負責採購和配送的物流訂單執行事業部王正剛部長，透過他的電腦將這批訂單轉成生產訂單，並分解所需配件。透過分解發現，所需零件共有兩百五十八種，但庫存竟然缺貨一百九十九種。於是，這一百九十九種缺貨零件，又由電腦瞬間生成了相對應的採購訂單。

現在，海爾集團的原材料供應商來自全球八百家企業，其中包含五十家世界五百強企業。有些企業的供貨基地就設在海爾工業園的附近，訂單資訊會同時被傳到他們的電腦。以海爾的B2B商務網作為基礎，他們獲得這些供貨訂單。取得洗衣機底板的海士茂電子塑膠公司在確認資訊後，用來發貨的物流車隊隨即到達指定位置。

洗衣機廠本部透過資訊傳遞，將訂單分配到一分廠的三號生產線，並將各種物料的使用時間和擺放位置等資訊，傳送給物流配送機構。

經過一系列的合理安排，生產線正式啟動。在生產線的旁邊，每幾公尺就設定一個位置，上面的號碼、放置的物料種類、時間和使用週期、負責人等資訊，引導著物品的流轉，這同樣是物流管理的基礎環節。

透過資訊化的調節，海爾集團將原本的金字塔型直線組織結構，轉化為扁平化的同步流程，使企業在接到訂單的瞬間，所有相關部門和人員都能同時透過資訊化的網路平台展開行動。

海爾集團正是透過這種轉變，才能高速運轉。在壓縮倉儲、運輸及製造成本的同時，增加利潤空間，以時間的方式來削減空間，進而實現與客戶的零距離接觸。

當一條路不通時，要及時轉換。遵循這個方法一直下去，最終總會找到解決方法。

卓越的人必定注重尋找問題解決方案，在他看來，一條路不通或路上太擁擠時，有必要及時變換方向，尋找另一條通暢的道路。在工作中更是如此，優秀員工都擅長轉變思路和方法，不會拘泥於固定的思考模式或既定的方法，而會審時度勢、適時突破，根據變化及時拿出合適的應對方案。

分眾傳媒創辦人江南春，在一次外出辦事時，聽到一起搭電梯的人抱怨電梯速度太慢，搭乘電梯的時間很無聊。這句話刺激了江南春活躍的思維。

他心想：「既然人們在電梯裡覺得無聊，如果能一邊搭電梯一邊看電視是否就會感覺好一點？」又轉念一想：「在電梯裡的時間有限，若是安裝電視，只有播廣告才能完整看完。而且，既然可以看廣告，誰還會去關注無聊的海報？」

就這樣，江南春的藍海計畫開始了。二〇〇二年的下半年，他獲得第一批客戶——四十棟高級辦公大樓。二〇〇三年一月份，他為上海的五十棟辦公大樓安裝三百台液晶顯示器。

二〇〇五年五月，分眾傳媒控股有限公司在中國正式註冊設立，由江南春擔任董事長和首席執行長，走分眾路線，專注於液晶媒體在大樓的推廣。

僅僅十九個月的時間，在江南春的領導下，分眾傳媒的商業大樓聯播網從上海發展到中國三十七個城市；其網路涵蓋從最初的五十多棟，發展到六千八百棟之多；液晶螢幕則從三百個發展到一萬兩千個；其市場佔有率高達七十五％以上。

在瞬息萬變的市場環境裡，善於變通的江南春勇於打破常規，將傳統的廣告代理轉化為分眾傳媒，因此創造新的廣告傳媒市場。

從江南春的成功，我們不難看出，透過變通產生的獨特構思可以引發新思想、新觀點，還能促進企業靈活發展。每個工作者的腦海中，都應該建立「此路不通就轉向」、「這個方法不行就轉換」這種理念，用變通的方式反其道而行，成為像江南春一樣勇於打破傳統框架的人，更能獲得成功。

將目標明確拆解細分，能提高任務完成率

清晰、明確實的目標，是奮發向上的動力與成功的保證。古希臘哲學家亞里斯多德曾說：「人的一生中，清楚自己追求的目標很重要，它就像箭靶之於弓箭手一樣，讓自己有機會獲得想要的東西。」

方向是一個人的行動指標，有方向的人會為了美好的結果而努力，沒有目標的人只會原地打轉。優秀的人不會迷失在盲目之中，因為他們會在行動前就確定努力的目標。

在工作過程中，**奮發向上的動力來自明確的結果**。在工作開始前，要明白自己想要達到的成果。越明瞭工作的最終目標，結果的樣貌就會越清晰，於是準時且準確完成工作的機率也會越大。

具體的目標帶領我們走向成功

在這個五彩繽紛的世界上，快速的生活節奏使得人人都很忙碌。於是，「沒空」、「沒時間」成為我們的口頭禪。長期之後，有的人成為百萬富翁，有的人成為億萬富翁，而始終掙扎在溫飽線上的人更是不在少數。

之所以出現這麼大的差異，在於他們做事時是否有方向。清楚的目標是個人前進路上的北極星，沒有明確目標的人會因為目標不清晰，只能原地打轉，無法解決問題。在工作方面，沒有目標的人如同盲人騎瞎馬，不可能擁有出色的業績，而明確的方向和目標能激發一個人走向成功。

在現實生活中，許多工作努力、勤奮學習的人因為沒有清晰明確的目標，一味盲目工作、讀書，導致大量的時間和精力耗費在毫無用處的事情上。

影響兩代美國總統和千百萬青年讀者的成功學大師拿破崙・希爾（Napoleon Hill），曾指導大學畢業四年、言談舉止落落大方的年輕人，解決他對於工作的苦惱。

起初，希爾先大致瞭解年輕人的家庭背景、教育程度和生活態度等，然後問年輕人：「你找我的目的是為了幫你另外謀劃一份工作嗎？」

「是的，先生。」年輕人誠懇地說。

希爾微笑著對他說：「你能簡單描述想從事的工作是什麼嗎？」

「我來找您，是因為我不知道自己想要的工作是什麼。」年輕人情緒有些低落地說。

「那麼，你試著回想，我們十年前是如何定位自己的工作呢？」希爾開導他。

年輕人略微沉吟，回答道：「那時候，我對工作的要求和多數人一樣，無非就是能有一份優厚的待遇，並且買一棟屬於自己的房子。」

希爾聽到後笑了，告訴年輕人：「現在你的情況等於是告訴售票員：『請趕緊給我一張票，我要出發了！』但是你的目的地是哪裡？你告訴別人了嗎？沒有。也就是說，當你無法確認努力的目標時，就無法找到適合自己的工作。」

年輕人聽到希爾的話，陷入沉思。不久後，他領悟過來，心滿意足地走出去。

首先應該確立努力的方向，並規劃未來的目標，才能避免找不到頭緒。

每位高爾夫球教練都會告訴學員：「比起距離，方向才是最重要的。」打高爾夫球需要頭腦和身體進行整體協調。在每次擊球前，都要仔細觀察和思考，還要手、臂、腰、腿、腳及眼睛共同配合才能完成。

擊球最重要的關鍵是方向和距離，而且方向比距離更重要，但大部分的初學者只想將球打得很遠，而忽略方向。

工作與打高爾夫球的異曲同工之處在於，只要選擇了正確的方向，哪怕走得再慢，也會一步步靠近目標。一旦方向出現偏頗，便容易白忙一場，甚至出現南轅北轍的情況，導致距離成功越來越遠。

在工作中，一味忙碌卻失去目標，就像走在霧氣瀰漫的森林裡，雖然有心縮短與外界的距離，卻因為迷失方向而越陷越深。所以，在做事的過程中，別忘記時常抬頭看一眼目標，才能減少漫無目的的行動，縮短自己與成功的距離。

分解目標能提升任務完成率

在著手任務時，要先審視自己、制定目標，而且**目標分解得越合理恰當，任務完成率就會越高**，這就像從電腦下載圖片，剛開始圖像很模糊，隨著進度的推進，會越來越清晰。

而且，在完成任務的過程中，要盡可能記錄工作相關資訊，如此一來便會產生這樣的想法：「一定要做好這件事，畢竟花了很多時間做記錄，不能浪費。」

如果需要處理的工作項目過多、過於複雜，也會讓我們產生畏難情緒，進而影響任務的完成率。這時候，分解目標可以幫助我們降低負面情緒的影響，最終達成目標。以下提供兩個方法：

- 若任務期間有二十二個工作日，可以將任務分解為二十二個小項目，每天完成一個，讓每天都進步一點點。
- 要儘早開始處理工作，而且避免在最後一刻趕工，才不會因為時間緊迫，產生過大的壓力。

當執行一個看似困難的任務時，若因為外界環境的干擾，而想擠出完整的時間來處理是不切實際的。相較之下，可以將任務分解為一個個小項目，以便利用零星時間逐步處理，任務就會變得沒那麼困難（見圖28）。

▶▶ 圖28　為了健康體態，規劃每日運動清單

小蘇的丈夫是一家小企業的老闆，最近陷入資金周轉的問題。眼看再四天就要繳稅了，小蘇整天陪著丈夫提心吊膽，不知道是否能按時籌到稅款。

這時，小蘇的閨密向她介紹任務分解法，要她試著將整個工作分成四份，每天只要處理一部分即可。

結果，小蘇竟然只花了三天的時間就籌措到全部的稅款。後來小蘇告訴閨密，最關鍵的是第一天。

那天是週一，小蘇結束商務會議回家時，已經晚上九點多了，因為身心疲憊，很想直接倒頭就睡，但一想到閨密的鼓勵，就咬著牙堅持下去，在十五分鐘內完成當天的工作量。由於時間還不晚，小蘇又堅持多做了一會兒，發現事情並沒有那麼困難，於是將任務改成兩天份。

就這樣，一個看似不可能完成的任務，居然透過分解的方式提前完成了。

看到上述案例中的小蘇，用分解任務的方式提前達成目標，我們在工作或生活中遇到類似狀況時，是不是也可以嘗試用這個方式努力呢？

列出當天必要活動，制定工作計畫清單

法國文學家雨果（Victor Hugo）曾說：「一個能在早上安排好一整天的工作並認真執行的人，是懂得利用時間的人。缺乏計畫、事到臨頭才想辦法解決的人，無論工作還是生活總是混亂不堪。」

九成的成功者，都會制定工作計畫清單

想克服拖延，最好的方法就是按照計畫行動，而這也是提高效率的好辦法。因此，明確的目標、合理的計畫及具體的步驟，構成了邁向成功的軌跡。

亞歷克・麥肯齊（Alec Mackenzie）曾說：「導致行動失敗的罪魁禍首是缺乏

計畫。」一個詳盡的計畫，有助於採取積極的行動，而能否在行動前制定周密的計畫，是衡量個人綜合素質的基準。

制定實際可行的計畫，可以確保工作井然有序，而有條不紊的工作展現出對時間的支配。當我們清楚地記錄自己的工作時，就已經跨出自我管理的第一步。明確的目的能確保工作條理分明，有助於提高個人的工作效率，以及對工作的整體認識，就不會淪陷在雜亂無章的事務當中。

而且，明確的責任和許可權，可以讓我們避免陷入與主管、部屬或同事之間的推托和打亂仗，就不必在工作中投入無須花費的時間和精力。

為了確定工作目標，我們可以制定工作計畫清單（工作計畫和日程表），步驟如下：

1. 在一張紙上，毫無遺漏地寫出需要處理的工作，並逐項排列，無論其重要與否，更無關其順序。
2. 根據各項工作的輕重緩急，重新列出工作清單（參考第79頁）。在列出清單的過程中，一定要注意工作的先後順序。

3. 根據經驗，提出處理各項工作最合理的方法。

制定工作日程表，迅速掌握當日進展狀況

每個人在學生時期，都曾在書桌或鉛筆盒裡放置課表。那張課表讓我們可以在上課前備妥所需的課本或用品，以免鐘聲響起後手忙腳亂。

同樣的道理，「工作計畫」是對工作進行長期規劃，而「工作日程表」則是著重如何處理當前問題。不善於規劃或安排工作的人，經常無法抓住重點，而被壓迫得喘不過氣。

制定工作計畫和日程表看似可有可無，甚至被認為多此一舉。但實際上，在制定時花費一分鐘，就可能在執行時節省十分鐘，甚至更多。透過一張紙、一支筆，列出每日工作安排，擬定因應計畫，讓我們可以清楚知道當天該做什麼事，更能明白什麼事才是該做的。**若工作計畫和日程表可以長期堅持下去，就能提高**

工作效率。

在制定工作計畫的過程中，除了確定工作之外，還應該具體確立年度、季度、月、週、日的安排及進程，以確保工作順利進展。這既是節約時間的有效措施，更可以提醒我們避免忘記重要事務。

工作日程表的特別之處在於，它可以直接寫在桌曆、日誌或是手帳上，如圖29。

制定工作日程表的時間，建議是前一天的下班前或是當天剛上班時。在制定時，應綜合考慮多方面的因素，例如列出的項目是否能在一天內完成？列在第一位的項目是不是當天最重要的事？

當日程表上列出的項目無法在當天完成時，務必確保將重要項目安排在第一位。為了避免將時間浪費在瑣事上，最好將不重要的事剔除。

當我們在日程表上將完成的項目做出記號時，會強化自信心和自尊心，同時內心的愉悅也會激勵我們進步。在這種良性循環的鼓勵下，有利於改正拖延的壞習慣，讓工作更順利。

因此，在下班前或結束當天工作時，要檢查日程表的落實情況，確認哪些項目完成，哪些項目還未完成。若有尚未完成的重要項目，務必將其安排在隔天日程表的首位上，同時檢討自己未完成的原因，並吸取教訓。

工作計畫清單是固定的東西，而實際工作則是多姿多彩，在工作過程中，很可能會有突發事件打亂計畫，所以在制定工作計畫清單時，必須預留處理意外事件的彈性機動時間。

圖29　工作日程表可以記在日誌中

時間	事情
09:00～09:30	與客戶通話，洽談合作事宜
09:30～10:30	處理重要文件、審定合約、查閱待審報表
10:30～12:00	赴生產車間、檢查生產情況
13:00～14:00	去二樓會議室參加例會
15:00～16:00	與到本公司參觀、學習的客戶會面
16:00～17:00	確認第二天是否有出差任務

對實現目標貢獻越大的事，越該優先處理

每個計畫的實施過程，都需要由大量的任務來支持。為了避免執行任務時出現混亂，必須按照任務的輕重緩急來排定優先順序，再按照這個順序執行，才能集中精力，並從容不迫地完成計畫。

任務排序方法，有傳統與新型兩種

在現實生活中，成功者大多都是時間管理高手，而總是挫敗的人則是對時間管理毫無經驗，或是根本沒有時間管理意識。

在排定優先順序的過程中，為了確保執行任務的速度和準確性，最常用的

優先順序法有兩種，分別是傳統的「ABC優先順序法」，以及新型的「充分利用時間法」。

ABC優先順序法

首先，在清單上列出每天要做的任務。其次，用ABC三個等級，來區分任務的輕重緩急，確定處理的先後順序。最後，按照既定的方法堅持下去（見圖30）。

A類是最重要、最有價值的關鍵任務，必須當天完成。在主管看來，這些任務也許能充分展現才華，或是對顧客、同事及團隊具有重要意義。

圖30　以ABC等級列出事情的處理順序

順序等級	緊急等級	何時處理
A	1	需當天完成
B	2	不限於當天處理，做完A之後再做B
C	3	有充裕的時間時，應該要去處理

B類是應該做、但不限於今日完成的事，重要性居於A類之後。

C類則是在時間充裕時應該處理的事。

在按照一定的順序排列任務之後，目標會變得更清晰，就能在第一時間處理最重要的任務。

「小越老闆是善於利用時間，每天都會在開始工作前，按照事情的輕重緩急來制定當天的計畫，並嚴格執行。其實，以前他往往將重要事項延後處理，使得大部分的時間都用來處理次要事項。

在開始制定計畫後，小越採取截然不同的方法——將次要事情押後處理。這些不重要的事即便不能及時完成，也不會造成別人的負擔。這個新方法讓小越既能按時下班，又可以避免因為事情沒做完而感到不安。

小越用ABC優先順序法，確定各項目標，並將事情排好優先順序。如此一來，他能明確認識各項目標，將其中可由別人處理的事分派出去，還能集中精力」

處理必須親自解決的事。

如果我們學會善用ABC優先順序法，既可以瞭解每日目標，又能節省時間。

充分利用時間法

根據充分利用時間法，在安排任務的過程中，要參照以下三點（見第192頁圖31）：

1. 先問自己：「可利用的剩餘時間有多少？」若有十到十五分鐘的時間，雖然來不及展開一項專案，但用來回覆幾通電話或郵件卻很充裕。
2. 審視自己：「是否有充足的精力，應對即將展開的專案？」如果頭腦清晰，可以展開一項專案。如果感覺疲乏，就回封郵件吧。
3. 利用剩餘的時間處理少量的任務，有助於推動專案的進度。如果時間充裕，可以多安排一些任務。

如果我們懂得運用這個方法，充分利用每一分鐘，距離成功也就不遠了。

安排事務條理分明，一件件解決

管理時間的關鍵在於是否具有條理，也就是確定要處理的任務之後，能否有系統、有層次地安排時間。這時候，需要考慮任務的輕重緩急和回報率的高低。合理地安排時間，可以使處理過程條理分明，還能激發我們的動力和思考。

▶▶ 圖31　充分利用零碎或剩餘的時間

在某所大學的課堂上，教授將一個玻璃罐放在桌上後，放入很多鵝卵石，直到放不進去為止。然後問眼前的學生：「你們認為這個罐子裝滿了嗎？」

「滿了。」同學們一致回答。

「是嗎？」教授拾起手往罐子裡倒進一袋碎石。

「這樣滿了嗎？」教授又問。

這時台下一片寂靜，大家都在猶豫。

教授再次往罐子裡倒進一袋沙子：「現在，這個罐子是滿的嗎？」

「不是！」大家看著教授一步步的操作，都學乖了。

接著，教授拿出一瓶水倒入充滿鵝卵石、碎石和沙子的罐子裡。

「透過這件事，大家能看出什麼道理嗎？」教授指著那個玻璃罐問。

「無論時間安排得多滿，只要願意擠，總能再處理一些計畫之外的事。」某個學生壯著膽子說。

教授微微點頭，說：「就是這個道理。但是大家有沒有想過，如果我們先用水裝滿罐子，就沒有機會放進其他東西了。可見得，在管理時間時，順序也是很重要的。」

任務越有利於接近目標，越要優先安排

正如這位教授所說，如果採用錯誤的方法，先將水放入玻璃罐中，那麼不管是碎石還是沙子，都無法在不溢出水的情況下放進罐子裡。

在日常生活中，我們經常受到許多因素的影響，導致在安排時間時發生錯誤。以下列舉經常發生的錯誤：

- 先安排時間做熟悉的事，再做不熟悉的事。
- 先安排時間做容易的事，再做困難的事。
- 先做耗時較少的事，再做費時較多的事。

- 先做計畫內的事，再做計畫外的事。
- 先處理別人交代的事，再處理自己安排的事。
- 先趕緊處理緊急的事，再處理不緊急的事。
- 先做自己尊崇或有利害關係者分派的事，再做其他人分配的事。
- 先安排時間做已發生的事，再做未發生的事。

上述所有的安排，其實都不屬於高效工作的範疇。工作的目的在於實現目標，在一大堆待辦事項當中，該如何分辨必須優先著手哪些事？可以延後處理的是哪些？可以不理睬的又是哪些？對此，麥肯錫提出一個答案：**應該按照任務的重要與否，來排列處理的優先順序**。

所謂重要與否，指的是完成任務後對實現目標的貢獻大小。應該優先處理有利於實現目標的事，而且越有利越要優先解決。對實現目標沒有意義的事，則要延後處理。也就是說，判斷輕重緩急的依據，在於對接近最終目標是否有利。一個越有利於接近最終目標的任務，重要級別就越高，也就越應該優先安排。

在前面所列的八個時門安排錯誤當中，決定我們做事順序的，是第六項「先趕緊處理緊急的事，再處理不緊急的事」。大多數效率低下的人都會將大量時間用在緊急的事情上，因為他們做事的優先順序是事情的緩急程度，而非重要程度，他們應該多學習四象限排列的方法（參考第79頁）。

事實上，大部分重要任務的緊急性往往較低。例如：向主管彙報的營運方針建議、公司對長遠目標的規劃，以及個人的定期體檢等等。這些看似不緊急的事，經常因為人們選擇先處理臨時打來的電話、得儘快交出的報表等「必須完成的事」，而被拖延下去。

所以，我們在制定時間計畫時，應該依照任務的重要與否排列優先順序，才能成為時間管理高手。

綜觀全局規劃時間，還要追蹤進度

人的一生中有經濟、生理和精神等多方面的需求，而正是如此，當我們試圖讓自己的道路走得更平坦、取得更輝煌的成就時，必須學會規劃、分配和管理時間。

一個人是否懂得利用時間，並非單純觀察他在工作時間內是否忙碌。從早忙到晚卻仍要加班的人，很可能並未有效利用用這些時間取得突出的績效。只有當每一分、每一秒都發揮巨大效益，才算是充分運用時間。

受公司歡迎的員工都是能守時、從不忘記待辦事項的人。這種員工往往都會在工作開始前規劃任務，都能按時甚至提前完工。他們看似工作得輕鬆無比，並不是因為能力出眾，而是能靈活運用。

「善於利用時間的萊弗利，是美國一家公司的董事長。他每天早上六點準時到達辦公室，先閱讀經管哲學方面的書籍十五分鐘，再思考必須在年度內完成的工作，以及應該採取的必要措施。

然後，他思考需要在本週內處理完的所有工作，並在與秘書喝咖啡時商量如何處理，至於這些工作的後續事宜，則交由秘書辦理。就這樣，萊弗利利用時間管理的方法，在提高效率的同時，還推動企業的整體績效。」

規劃整體時間，才能綜觀全局

在現實生活中，為了便於管理時間，我們應該對時間進行整體規劃。首先劃分出「生理時間、自由時間、經濟時間」三個部分，然後衡量這三部分的時間在工作和生活中分別佔多少比重。

1 生理時間

生理時間是指用於睡眠、用餐、盥洗等生理需求的時間。當一個人連續一週不吃不喝也不睡覺，就意味著生命的終結。從這個角度來看，生理時間正是維持和延續生命不可或缺的部分。

生理時間在人的一生中大約佔三分之一，其中大部分用於睡眠。睡眠時間會隨著年齡、身體及氣候的變化而改變。一般情況下，處於成長期的前二十年需要相對較多的睡眠時間，中年後的睡眠時間會隨著年齡增長而適度減少。

當休息時間過短，會導致生活品質和工作效率下降，甚至會影響壽命。科學研究表明：每天睡滿八小時的人，與只睡四小時的人相比，死亡率低了十八%。

從生理學來看，人體各個部位會透過協調運作，來支配身體的行為和活動能力。當某個部位故障時，會導致生活和工作無法正常進行。例如經常熬夜、用腦過度的人，常會因為睡眠不足而出現疲勞、頭昏腦脹等症狀。這時，需要休息或睡覺，讓疲勞的大腦恢復，能在最佳的狀態下運作，使任務可以高效完成。如果不能及時休息或睡覺，容易積勞成疾，影響工作和生活。

2 自由時間

自由時間是指用於從事自由活動、精神活動及社會活動的時間。

每個人都渴望擁有自由支配的時間，來調節工作和生活，以便緩解生活壓力和心理負擔。做家事、讀書看報、歌舞曲藝、旅遊攝影、休息健身等，都是自由活動的範疇。

充分利用自由時間做有意義的活動，有助於緩解壓力。做自己喜歡的事不僅可以豐富上班之餘的生活、陶冶性情，還可以全面發展自我。安排社交活動可以擴展視野、加強人際關係；做家事有益於建立幸福和諧的家庭，讓下一代在良好的氣氛中健康、快樂地成長；參加同事聚會、觀光旅遊等活動，則可以放鬆心情、交流在生活和工作中的心得。

3 經濟時間

經濟時間是指用於創造社會價值、實現自我的時間。簡單地說，經濟時間用來滿足人們的生活所需，包括物質需求與文化需求。

「一名剛畢業的大學生，已經先為自己規劃一個未來五年計畫。他預計在第二年，達到自己期望的工作職位與生活水準。這些想法都必須在經濟時間內，透過具體安排，運用適當的方法來實現。」

製作詳細的時間清單，並追蹤進度

相對於揮霍成性的人，節儉的人更懂得如何省錢。同樣的道理，能密切關注自己做事的人所取得的成就，遠遠超過完全不在乎的人。

為了追蹤時間清單上的進度，我們不妨將努力過程做記錄，如第203頁圖32。首先詳細記錄所做的事，並依據性質來分類，將付出的精力與取得的成就做比較。透過追蹤進度，確定自己的決定與確定的目標是否有相對應的價值，並確認同樣的努力是否獲得更高的報酬。

透過詳細的時間清單，我們可以找到過程中表現較滿意的地方，並關注其中的變化。適時放棄不重要的計畫，才能騰出更多的時間來完成重要的工作，讓我們更有效率，取得更多成就。

圖32　以開發新客戶為例，追蹤工作進度

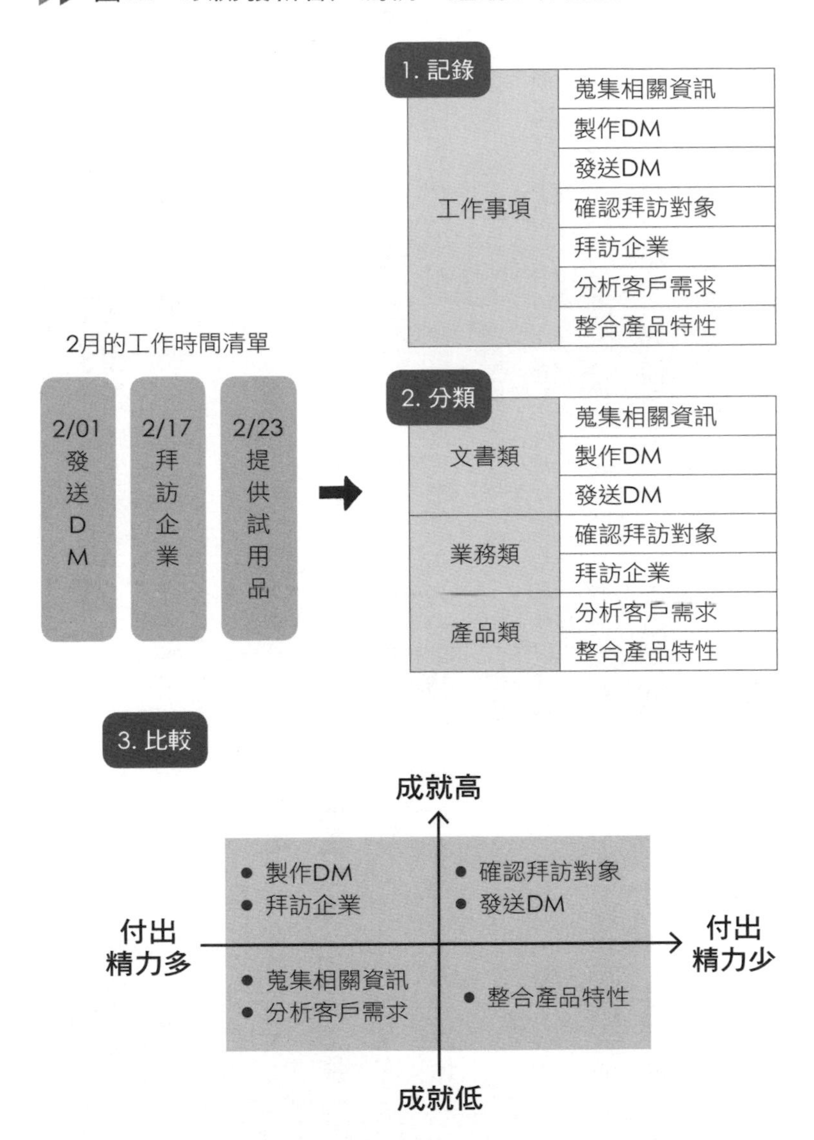

善用團隊成員的時間與能力，發揮最大綜效

「一根筷子易折斷，一把筷子難折斷。」這句話強調，透過團隊合作的力量來創造奇蹟。在多數情況下，面對錯綜複雜的問題時，依靠一個人的能力很難完成，更別說是高效率了。但是，當利用團隊的力量時，這些會因為成員的相互依存、聯繫和共同合作，而變得簡單明瞭，進而得到解決。

在團隊合作中，相較於個人成果，團隊整體業績顯得更重要。如同踢足球一樣，決定最終勝負的是團隊合作，而不是某個貢獻較大的成員。團隊依靠集體討論和決策、資訊的共享、各種標準的強化，這需要所有成員的共同努力，用超過每個成員個人業績總和的成果來驗證。

團隊的建立需要一個切實可行且富有挑戰的目標，才能激發成員的動力，讓

他們奉獻力量。團隊合作講究自願合作和協作精神，出於自動自發而結合的團隊具有強大且持久的力量，可以凝聚所有成員的資源和才智。

透過分工合作，讓效率倍增

分工合作的概念最早是由英國經濟學家亞當・史密斯（Adam Smith）提出，他利用製針業的生產步驟，講述了分工合作可以提高生產率的道理：

「在實行分工合作之前，一個製針工人要將鋼絲截斷、一頭磨尖、另一頭穿眼。整個過程在數個工作區進行，而且需要使用不同的工具。一天下來，一個熟練的工人只能生產二十枚成品。

後來，經過一番組織後，工人採用行分工合作的方法，每個工作區都安排幾個技術純熟的工人來做：截斷鋼絲的專門截斷鋼絲；打磨尖頭的專門打磨尖頭；穿孔的專門負責穿孔。

「就這樣，分工合作大幅提高生產效率，平均下來，每人每天的生產量竟達到驚人的四萬八千八百枚之多。」

這就是分工合作的效率，同樣的人只是經過簡單的分工，每天的生產量竟然由二十枚增加到四萬多枚，帶給公司的效益就會非常可觀。

為何分工合作能提高效率？我們必須先弄清楚分工和合作的關係。以下用一個寓言故事來說明這個問題：

「某天，上帝帶著一位分不清天堂與地獄的牧師進行參觀。他們先來到地獄。在地獄裡，一群絕望的人手裡拿著長柄湯匙，因為無法品嚐眼前鮮美的肉湯而惆悵不已。

接著，上帝又帶著牧師來到天堂。在天堂裡，同樣是一群人拿著一樣的長柄湯匙，他們餵食坐在自己對面的人，並品嚐眼前的鮮美肉湯，同時又為能喝到美味肉湯而感到幸福。

「同樣的條件下，處在地獄裡的人因為只想到自己，而痛苦地面對眼前的肉湯；天堂裡的人因為懂得「幫助別人就是幫助自己」的道理，而喝到鮮美肉湯。」

透過上面的故事，我們不難看出分工和合作是相輔相成、缺一不可。缺乏團隊意識、各行其是的成員，因為不懂分工合作的道理，永遠無法獲得成功。想實現團體目標，要大家密切配合與團結合作才能達成（見第208頁圖33）。

如果仔細觀察，會發現身邊有許多事都是經由分工與合作來完成。例如，在建築工地上，挖土機在預定地點不斷挖土，負責運送砂土的卡車在指定地點等待裝車。看似合理的分工卻有著致命的缺點：雖然剛開始能正常運作，但不久後會因為地形和堆放位置的衝突，拉開兩者的距離。如果他們堅持按照自己設定的路線各行其是，就會產生拖延。這就是分工但缺乏合作的結果。

「在我們的工作中，若採用分工合作的方式，會是什麼樣的景象呢？

從前，有兩位小和尚被派去管理兩座寺廟：

第一位小和尚性格寬厚、待人熱情大方，對每個到訪者都是笑臉相迎，所以到廟裡參拜的人很多，但他不擅管理，經常帳務不清，導致入不敷出。一段時間過後，寺廟依然是一副破爛不堪、沒有整理的樣子，慢慢地就沒有人來了。

與第一位小和尚不同，第二位小和尚是管理高手。他將寺廟布置得很整潔。但過於嚴肅，整天陰沉著臉。久而久之，到廟裡參

▶▶ 圖33　透過團隊分工，提高工作效率

拜的人逐漸減少，導致香火斷絕。

這天，來廟裡檢查的住持發現這個情況後，根據他們的特點，將他們安排在同一間廟。熱情大方的小和尚負責迎來送往，保證來廟裡的香客很多；鐵面無私的小和尚則是負責財務管理，嚴格把關、錙銖必較。

在兩個人的分工合作之下，寺廟香火旺盛，呈現欣欣向榮的景象。

透過這三個故事，我們不難看出，唯有以「團隊合作」為宗旨的企業，才能保持工作的愉悅和高效，而且唯有各個部門不出現責任混亂、重疊的現象，才能讓整體順利運作。

當各部門職責重疊，主管們都按照自己的想法來發號施令時，就使得員工無所適從，事情也因為無法確定責任歸屬而觸礁，造成部門效率低下。所以，在經營管理中，採用分工合作的管理方法，劃分各部門的責任，才能讓企業發展壯大、繁榮昌盛。

團隊合作的方式能激發成員潛力，得到超越個人業績的成果。相較於個人英雄主義，多數的企業招聘人才時，更注重是否具備合作精神，包括個人協調、組織帶動、融入團隊的能力等。

「每年南飛北歸的大雁天生具有合作的本能，牠們的V形陣列能幫助兩旁的雁產生局部真空，而且以這種形式飛行的雁陣，會比單獨飛行多達成十二%的路程。可見得，合作能產生「一加一大於二」的效果。」

學會利用他人能力，少走冤枉路

成功的三個要素分別是認真的態度、堅持不懈的努力，以及利用別人的能力。具備這三個要素的人，才能在人生的道路上鍥而不捨。

如果我們在面對困難時，能虛心求教，積極利用別人的能力，便有機會提早實現夢想。無論何時都擺出高傲姿態、忽略他人能力、臆斷自己所做一切都是正確無誤的人，很難有所成就。因此，在現實生活中，必須認清自己，懂得虛心學習、耐心傾聽，善於利用別人的長處。

曾經，有一支登山隊下定決心征服中國雪峰，並積極進行攀登的準備，將食物、藥品及登山器材都一一備齊。

在出發前，一位具有多年攀登雪峰經驗的專家告訴他們，在高寒的雪山上，溫度過低會導致燃氣爐噴嘴堵塞，需要使用鋼針疏通。因此，必須多備幾根。

這支隊伍安排一位老隊員負責攜帶鋼針。這位隊員本身具有多年的攀登經驗，因此沒有聽從專家的建議，而是按照自己的計畫只帶一根鋼針。

誰知天有不測風雲，他們唯一的鋼針居然在使用時意外折斷，導致他們攜帶的燃氣爐成了擺設。整個隊伍因為鋼針發生意外，不能生火用餐，而陷入絕境。

就這樣，這支登山隊因為一根鋼針，不僅沒有成功登頂，反而在攀登的路上喪失生命。

在現實生活中，我們不僅會因為缺少經驗而招致失敗，而且即使經驗豐富也一樣。就像上述案例中，那位負責攜帶鋼針的登山隊員，因為自己具有豐富的攀登經驗，而沒有接受別人的建議，最終付出生命代價。

既然經驗過多或過少都有可能導致失敗，我們該如何避免走冤枉路呢？正確的建議是，利用別人的能力並吸取其教訓，來累積經驗。

在企業招聘的過程中，對經驗的要求已突顯人們對經驗的重視。俗話說「薑是老的辣」，經過長時間汲取日月精華和大地養分而長成的老薑，自然是嫩薑無可比擬的。

合作固然重要，但要評估自身狀況

當主管向你交辦任務時，你為了能穩妥順利地完成任務，必須將自己的計畫清單展示給主管看，讓他明白你當前的任務，以及今天需要完成的事項。

當你安排工作的優先順序時，要先向主管請教任務的最終期限，或者讓他知道你安排的優先順序，讓你安排的優先順序更加準確無誤。

為了將新任務列入清單或時間表中，你可以重新排定任務的順序，讓主管明白當前正在處理的任務與截止日期。

當主管意識到，你因為手中重要任務過多而忙不過來時，就會考慮將任務交辦給其他人。當團隊的其他成員看到你的工作清單時，也能在第一時間瞭解你正在處理什麼事、哪件事是最重要的。

重點整理

- 為了確保所做的事有意義，並成功達成目標，要先找出真正該做的事，再用正確的方式去做。
- 達成目標的方法不只有一種。當一條路不通時，要及時改變方向，尋找另一條通暢的道路，不要過度拘泥於固定的思考模式。
- 在日常生活與工作中，沒有明確的目標是導致大量時間與精力被浪費的原因。
- 在確立人生方向或規劃工作目標之後，要拆解細分，才能提高目標達成率。
- 當需要處理的事情過多或太複雜時，會降低完成率，因此要適時審視自己，將目標分解成小項目來完成。
- 制定工作計畫清單，並確實按照計畫行動，可以克服拖延症，同時提升效率。

- 運用「ABC優先順序法」將任務排列優先順序，可以讓目標更清晰；使用「充分利用時間法」可以把握零碎的時間。
- 我們應該將自己的時間進行整體規劃，才能綜觀全局。
- 善用團隊成員的時間與能力，可以讓效率倍增，發揮最大的綜效。